In der Reihe »BLV Naturführer« sind erschienen:

Alpenblumen
Bach · Fluss · See
Bäume und Sträucher
Fische
Greifvögel und Eulen
Heilpflanzen
Heimische Pflanzen
Insekten
Käfer
Mineralien, Gesteine
Moose, Farne und Flechten
Muscheln und Schnecken
Pflanzen und Tiere des Waldes
Pilze
Schmetterlinge
Singvögel
Spuren und Fährten unserer Tiere
Sterne und Sternbilder
Strand und Wattenmeer
Tagfalter
Tiere in Wald und Flur
Tierkinder
Unsere schönsten Wildpflanzen
Versteinerungen
Vögel
Vögel am Futterhaus
Wald- und Parkbäume
Wasservögel und Strandvögel
Wolkenbilder, Wettervorhersage

Weitere »BLV Naturführer« sind in Vorbereitung.

Dr. Walther Thiede

Vögel

Die heimischen Arten erkennen und bestimmen

blv

Bibliografische Information Der Deutschen Bibliothek
Die Deutsche Bibliothek verzeichnet diese Publikation in der Deutschen Nationalbibliografie; detaillierte bibliografische Daten sind im Internet über http://dnb.ddb.de abrufbar.

BLV Buchverlag GmbH & Co. KG
80797 München

19. durchgesehene Auflage

BLV Naturführer

Lektorat: Dr. Friedrich Kögel
Umschlagentwurf: Studio Schübel, München

Gedruckt auf chlorfrei gebleichtem Papier

Printed in Germany

ISBN-10:3-8354-0172-6
ISBN-13-978-3-8354-0172-3

Bildnachweis

Angermayer: 9 u
Bogon: 51 or
Czimmeck: 27 o
Danegger: 1 l, 123 o
Diedrich: 23 o, 33 u, 71 o
Haarhaus: 57 o, 75 o, 79 o, 101 u
Irsch: 45 u
Kalb: 25 u, 85 o
Limbrunner: 21 o, 21 u, 27 u, 31 o, 33 o, 37 o, 43 o, 59 u, 67 o, 81 o, 89 o, 93 o, 99 u, 103 o, 117 u, 121 u, 123 u
Moosrainer: 53 o, 73 u, 91 u, 111 u, 125 u
Pforr: 9 o, 47 o, 59 o, 65 o, 77 o, 81 u, 97 o
Pott: 37 u, 43 u, 89 u, 105 u
Plucinski: 49 ul, 54 u, 67 u, 89 u, 103 u
Pölking: 13 u
Quedens: 23 u, 29 o, 35 u, 61 u, 97 u, 101 o, 105 o, 107 o, 107 u, 113 o, 113 u, 115 u, 121 o, 125 o
Reinhard: 39 o, 41 o
Siedel: 23 u
Siegel: 95 o, 95 u, 97 u
Synatzschke: 47 u, 49 ur, 111 o
Thielscher: 19 o, 93 u
Trötschel: 39 ul, 39 ur, 41 u, 61 o
Weber: 15 o, 45 o
Wisniewski: 99 o
Wothe: 31 u, 57 u, 63 ol, 65 u, 69 o, 69 u, 71 u, 73 ol, 73 or, 75 u, 77 u, 115 o
Zeininger: 2/3, 15 u, 17, 25 o, 49 ol, 49 or, 51 ol, 51 ul, 51 ur, 53 u, 63 or, 63 u, 79 u, 83 o, 85 u, 87 o, 91 o, 109 o, 109 u, 117 o, 119 o, 119 u
Ziesler: 29 u, 35 o, 54 o
Ziesler/Angermayer: 13 o

Grafiken: Barbara v. Damnitz

Fotos auf dem Umschlag:
Pforr (Stieglitz, Vorderseite)
Danegger (Bachstelze, Rückseite)

Einführung

Die weit verbreitete Liebe zu den Vögeln hat dazu geführt, daß es wohl keine Tierklasse gibt, deren Lebensäußerungen besser erforscht sind. Die Vögel machen uns diese Liebe zudem noch leicht: Sie sind – bis etwa auf Eulen und Nachtschwalben – tagaktiv, sie sind überall präsent, dazu (bei aller Vorsicht dem Menschen gegenüber) neugierig, und ihre Sprache liegt in Tonhöhe und Lautstärke in Bereichen, die unsere Ohren hören können und deren Wohlklang wir meistens schätzen. Zahlreiche Gesangsstrophen haben unsere großen Musiker inspiriert, die Dichter haben manche Lebensäußerungen unserer Vögel gepriesen.

So nimmt es nicht wunder, daß naturliebende Menschen automatisch auf die Vögel der Umgebung achten und dann auch wissen wollen, wer sie sind, wie und wovon sie leben, wann und wo man sie entdecken kann. Für sie ist dieses Buch geschrieben, leicht verständlich, aber in seinen Fakten genau und auf dem neuesten Stand unseres Wissens. Die Texte dieser 17. Auflage wurden grundlegend überarbeitet, zugleich dort, wo es erforderlich war, erweitert.

Der interessierte Naturliebhaber wird merken, daß das genaue Ansprechen der Vogelarten, ihrer eventuell jahreszeitlich unterschiedlichen Kleider eine intensivere Beschäftigung und Hilfsmittel verlangt. In ihm wird der Wunsch stärker werden, aktiver am Erkennen unserer Natur teilzunehmen. Für ihn sind die folgenden Zeilen gedacht, die ihm den Einstieg in die Ornithologie, diese schöne Wissenschaft von den Vögeln, erleichtern soll. Denn wie nur wenige biologische Wissenschaften gibt die Ornithologie Laien wie Professionellen gleiche Startchancen und Möglichkeiten. Aus dem aktiven Laien wird so – wenn er will – der erfahrene Feldbeobachter, der schließlich an größeren Gemeinschaftsaufgaben teilnimmt oder aber eigene Forschungsziele setzt und erreicht.

Daß dieser Vogelführer auch hohen Ansprüchen erfahrener Feldbeobachter und Ornithologen gerecht wird, zeigt die Resonanz in der Fachliteratur. Nicht selten erwiesen sich die Angaben als überlegen, und dieser Vogelführer wird immer wieder in kritischen Bestimmungsfragen zitiert.

Unsere Hilfsmittel

Die eigenen Sinne Auge und Ohr gilt es zu schulen, zu Anfang unter möglichst sparsamer Verwendung des Fernglases. Denn wir wollen ja nicht nur den Vogel formatfüllend durchs Fernglas sehen, sondern ihn in seiner Lebensart kennenlernen, sein Flugbild in uns aufnehmen. So lernen wir allmählich, Wichtiges vom Unwichtigen zu trennen. Wir achten

- auf die Kennzeichen
- auf die Gestalt des Vogels und auf seine typische Haltung
- auf seine Größe in Verbindung mit Merkmalen seiner Umgebung
- auf typische, immer wiederkehrende Lockrufe und Gesangspartien
- auf die natürliche Umgebung (=das Habitat, der Biotop) einschließlich der Lichtverhältnisse.

Die Geduld Es gibt mehrere einleuchtende Gründe für ihre Notwendigkeit. Der wichtigste Grund ist zweifellos der, daß sich unsere Unruhe und unsere Ungeduld auf den Vogel, den wir beobachten, überträgt. Meist fliegt er dann weg; im günstigsten Falle sucht er Deckung oder unterbindet seine Tätigkeit und warnt. Nicht minder bedeutsam ist, daß uns das vielfältige Leben des Vogels verborgen bleibt, wir ihn gar nicht kennenlernen können. Wieviel kann man schon durch einfaches Stillsitzen in der Natur beobachten!

Das Notizbuch Keine Beobachtung ist zu klein um nicht notiert zu werden! Wer diese goldene Regel befolgt, wird noch viele Jahre später von seinen Tagebuchnotizen profitieren. Man schreibe sich auch auf

- was man nicht gesehen, aber erwartet hat (das tun leider die Wenigsten)
- welcher Lebensraum es war, in dem man den Vogel sah
- die Zeit.

Als »Todsünde« hat zu gelten, seine Notizen erst nachher zu Hause oder im gemütlichen Gasthaus zu machen. Keiner hat ein derartig gutes Gedächtnis, daß er das Geschehene dann noch vollständig wiedergeben kann. Natürlich kann man vor Ort auch in ein Diktiergerät sprechen.

Das Bestimmungsbuch Sie haben es vor sich liegen und suchen nach einem Vogel, den Sie gerade sehen oder gesehen haben. Ohne Hektik (die stört nicht nur Sie, sondern auch den Vogel!) betrachten Sie – nachdem Sie sich Haltung, Größe und einige auffallende Merkmale eingeprägt haben – die Bilder und Grafiken und stoßen auf eines, das Ihrer Beobachtung in etwa entspricht. Jetzt gilt es Halt zu machen und den Text auf der gegenüberliegenden Seite zu lesen. Fangen Sie sogleich mit der Rubrik »Merkmale« an. Ein Blick zurück zum Vogel gibt Anlaß, die beschriebenen Merkmale Punkt für Punkt abzuhaken.

Stimmen Sie überein, sollte man dennoch zur Vorsicht die Rubrik »Verwechslung« lesen. Man vermeidet nicht nur Fehlschlüsse, sondern schärft auch sein Urteilsvermögen und lernt abwägen. Anschließend beginnt das Notizenmachen.

Zur richtigen Handhabung des Bestimmungsbuches gehört Übung, gewiß, aber man wird schnell mit seinem Bestimmungsbuch vertraut. Und der Erfahrene hat darüber hinaus mindestens noch ein zweites Bestimmungsbuch im Rucksack, allein schon um in schwierigen Fällen vergleichen zu können.

Das Fernglas Es kann unsere Freude am Beobachten erhöhen, unsere Beobachtungsmöglichkeiten vertiefen (bei genauem Gefiederstudium, im Zwielicht, bei großer Fluchtdistanz) und bei Zweifelsfragen Entscheidungshilfe sein. Meine persönliche Empfehlung ist ein japanisches Nikon-Glas 7 x 35. Ich schleppe es seit vielen Jahren durch sämtliche Klimazonen und Unbilden Europas und Asiens, ohne je eine Reparatur gehabt zu haben. Es hat lediglich Schrammen und Beulen.

Merke:

- Ein jedes Glas vor dem Kauf selbst vor der Ladentür ausprobieren. Die Linsen fallen verschieden aus (»Montagsproduktion«, Randglas!), und jeder sieht verschieden.
- Je länger man mit dem Fernglas herumläuft, um so dankbarer wird man für ein leichtes Glas.

Für den Feldornithologen entscheidend ist die Lichtstärke, und die ist bei 7 × 35 sehr gut.

Für »ausgefuchste Hasen«, für Watvögel-Beobachtungen und dergleichen benötigt man zusätzlich ein Teleskop. Bei Ornithologen hat sich weltweit das Kowa-Teleskop durchgesetzt, das 25–50fache Vergrößerung bringt, andererseits aber ein kräftiges Stativ benötigt. Es ist sehr stabil, wetterunempfindlich und verträgt sogar ein Herunterfallen auf Steinböden. Es begleitet mich schon viele Jahre auf meinen Reisen in ganz Eurasien ohne Fehl.

Die Handbücher Die wichtigsten in deutscher Sprache sind:

Berndt, R. & W. Meise (1960–62): Naturgeschichte der Vögel. 3 Bände. Stuttgart.

Bergmann, G.-H. (1987): Die Biologie des Vogels. Wiesbaden.

Glutz v. Blotzheim, U. et al. (1966–1997): Handbuch der Vögel Mitteleuropas. 14 Bände in 22 Büchern. Aula-Verlag GmbH, Postfach 1366, D-65003 Wiesbaden.

Eine Fundgrube, dazu unentbehrlich zur Vertiefung des Wissens.

Die Fachzeitschriften und Fachgesellschaften Das Halten einiger Fachzeitschriften ist für jeden, der sich eingehender mit der Vogelwelt befaßt, unerläßlich. Einige werden von den lokalen und überregionalen ornithologischen Gesellschaften herausgegeben. Ihr Bezug ist im Mitgliedspreis enthalten. Unsere führenden mitteleuropäischen Gesellschaften und ihre Zeitschriften (in Klammern) sind:

Deutsche Ornithologen-Gesellschaft, Herrn W. Stauber, Postfach 1126, D-73330 Gingen/Fils (Journal für Ornithologie, Die Vogelwarte).

ALA, Schweizerische Gesellschaft für Vogelkunde und Vogelschutz, c/o Schweizer Vogelschutz SVS, Postfach, CH-8036 Zürich (Ornithologischer Beobachter).

Österreichische Gesellschaft für Vogelkunde, Postfach 417, A-1014 Wien (Egretta).

Ihre regionale Gesellschaft erfahren Sie am einfachsten bei der nächsten Volkshochschule. Auch diese geben meist gute Fachzeitschriften heraus.

NABU, Naturschutzbund Deutschland, Am Michaelshof 8–10, D-53177 Bonn, setzt sich für Naturschutz und Vogelschutz ein und unterhält Landes- und Ortsverbände.

Gut lesbare, für Jedermann erschwingliche, unabhängige Fachzeitschriften sind:

Ornithologische Mitteilungen (12 × jährlich), Dr. Walther Thiede, An der Ronne 184, D-50859 Köln.

Die Vogelwelt (6× jährlich), AULA-Verlag GmbH, Postfach 1003, D-56291 Wiebelsheim.

Vogelstimmen-Schallplatten Der Neuling lernt auf jeder Exkursion nur den Gesang weniger Arten neu kennen. Den Gesang anderer, noch unbekannter Arten überhört er! Diese Erfahrung habe ich in jahrelangem Auslandsaufenthalt an mir selbst in unbekanntem Terrain, vom gemäßigten Japan bis zum tropischen Indien, immer wieder bestätigen können. Hatte ich aber vorher sorgfältig und wiederholt die zu erwartenden Vogelstimmen auf Schallplatten angehört, so entdeckte ich sie prompt. Man kann auch nicht zwei Dinge auf einmal zur gleichen Zeit in der Natur machen: etwa Beeren sammeln und Vögel beobachten. Unsere Sinne streiken sofort.

Man sollte sich daher Schallplatten oder Kassetten mitteleuropäischer Singvögel kaufen, z. B.:
Palmer, St. & J. Boswall (1981): A field guide to the bird songs of Britain and Europe. Sveriges Riksradio, Fonogram, S 105 10 Stockholm. 16 Kassetten bzw. Schallplatten.
Auch gute CDs gibt es mittlerweile im Handel, die schnelles Ansteuern bestimmter Stimmen ermöglichen.

Exkursionen von Vereinen und Volkshochschulen Die Teilnahme ist wärmstens zu empfehlen. Der Anfänger wird hier gezwungen, seine Kenntnisse kritisch zu überprüfen. Er lernt durch die Hinweise des erfahrenen Führers schnell die Laute, Gesänge und Bewegungsweisen unserer Vögel kennen. Der Anfänger macht so mit jeder Exkursion einen Sprung nach vorn. Die Befriedigung über das Erreichte und die Kontaktmöglichkeiten zu begeisterten Mitanfängern und hilfsbereiten »alten Hasen« sind ebenfalls sehr wichtig.

Gefährdung der Vögel – Gefährdung des Menschen

Solange es Menschen gibt, hat es neben Bewunderung für die Schönheit der Vögel und ihres Flugvermögens auch die Nutzung und Verfolgung der Vögel gegeben. So ist von Anfang an der Vogel Bestandteil menschlicher Nahrung und Kultur gewesen, wie schon die frühesten archäologischen Funde zeigen. Manche Weltgegenden waren auch nur dadurch dauerhafte Wohnstätten für den Menschen, weil es in ihnen genügend nutzbare Brutkolonien von Seevögeln gibt: die Färöer und St. Kilda seien genannt. Fast immer aber erfolgte die menschliche Nutzung in verantwortlicher Weise: man erntete nur den Überschuß.

Daß die Geschichte des Menschen auch voll von rücksichtsloser Ausbeutung der Natur ist und daß viele Arten dadurch ausstarben, ist nur allzu bekannt. Ja, das Ausmaß der Vernichtung enthüllt sich erst neuerdings: Auf dem Internationalen Ornithologen-Kongreß im Juni 1986 in Ottawa erschütterte ein Fossilienforscher mit der Feststellung, daß wohl alle Meeresinseln weltweit noch in geschichtlicher Zeit ein unglaublich reiches Vogelleben besaßen, und daß dieses vom Menschen oder seinen unvermeidlichen Begleitern, wie Ratte, Schwein, Katze oder Kaninchen, vernichtet wurde.

Zu einem ernsthaften und weltweiten Problem aber wurde die Vernichtung der Vögel in der zweiten Hälfte des 19. und den ersten zwei Jahrzehnten des 20. Jahrhunderts, als nicht nur die Zahl der Menschen explosionsartig zunahm, sondern auch bisher geübte Traditionen, Tabus und Vorschriften über Bord gingen und die technische Revolution dem Menschen »unbegrenzte Kräfte« gab, die allzu viele auch rücksichtslos, vor allem aber gedankenlos einsetzten. Damals wurden vielleicht die schwärzesten Kapitel des menschlichen Umgangs mit der Natur geschrieben.

Aber auch hier erhob sich, zuerst vereinzelt, dann immer gebündelter und mächtiger, die Stimme des Protestes, die Stimme menschlichen Mitleidens mit der gequälten Kreatur. Und in den betroffenen hoch-industrialisierten und hoch-zivilisierten Ländern – Deutschland, Großbritannien und den Vereinigten Staaten – bildete sich rasch organisierter Wi-

Eine heckenreiche Landschaft ist Lebensraum, nicht nur Produktionsfläche.

derstand. Die Vergnügungsjagd auf Möwen und Seeschwalben in Badeorten, die Vernichtung der Reiherkolonien der Hutfedern wegen wurde zurecht hart attackiert und bald durch Gesetze eingedämmt bzw. verboten. Von Anfang aber stand gottseidank auch aktiver Schutz auf den Fahnen der Vogel- und Naturschützer! Nistkasten-Propagierung, Win-

Artenreiche Wälder mit Bäumen und Sträuchern unterschiedlichen Alters bieten vielen Vogelarten Wohnraum und Nahrung.

terfütterung, Kauf und ständige Bewachung unserer Seevogelkolonien haben in vorletzter Minute Wesentliches gerettet. Aber mehr noch haben der 1. Weltkrieg mit seinem Umbruch vieler Werte, das Aufkommen von Rundfunk und Fernsehen den Druck vermindert, der sonst auf den Lebewesen lag; Stubenvogelhaltung ist im Zeitalter des Fernsehens nicht mehr attraktiv, der Sonnenkult seit Beginn der Zwanziger Jahre machte schicke, große Hüte obsolet.
Doch der Waffenstillstand währte nicht lange. Denn unversehens befanden wir uns in den 50er und 60er Jahren in einem chemischen Krieg gegen das Leben von globalem Ausmaß. Rachel Carlsons Buch »Der stumme Frühling« rüttelte uns auf, und an den Vögeln zeigte sie uns das verheerende Ausmaß der Schäden, die der Einsatz der Pestizide kostete. Sie traf den Nerv, als sie schrieb, daß der Einsatz von Pestiziden auch eine moralische Frage sei.
Relativ schnelle Verbote der gefährlichsten Pestizide stoppten die Ausrottung noch gerade rechtzeitig, doch die Heilung der schweren Schäden wird Jahrzehnte dauern.
Vogelschutz ist heute zugleich auch Lebens- und Menschenschutz. Und die Frage, die uns allen gestellt ist, lautet, ob Fortschritt umweltverträglich gestaltet werden kann. Der gute Wille hierzu ist bei Vielen gegeben.
Inzwischen werden bedrohte Arten in »Roten Listen« verzeichnet. Diese sollen Behörden und Naturschützern als Arbeits- und Argumentationsgrundlage dienen. Bei den in diesem Buch beschriebenen Brutvögeln wurde im Text jeweils erwähnt, wenn sie in die »Rote Liste der in Deutschland gefährdeten Brutvogelarten (2. Fassung, Stand: 1. 6. 1996)« aufgenommen sind. Die Arten werden dort in die Kategorien »potentiell gefährdet«, »gefährdet«, »stark gefährdet«, »vom Aussterben bedroht«, »ausgestorben oder verschollen« eingeteilt, die einen steigenden Grad der Gefährdung widerspiegeln.

Texterläuterungen

Symbole und Abkürzungen:

1. ♂ (Mars) = Männchen, ♀ (Venus) = Weibchen.
2. Um Ihnen einen kurzen Überblick über das Zugverhalten der besprochenen Arten zu geben, steht am Ende des Abschnitts »Vorkommen« in Kurzform angegeben, ob und wie der Vogel zieht. Die Abkürzungen bedeuten:
   - Z Zugvögel. Arten, die vollständig zur Winterszeit wegziehen. Liegt ihr Winterquartier in West- oder Südeuropa bis Nordafrika, werden keine Angaben hinzugefügt.
   - TZ Teilzieher. Arten, bei denen die heimischen Populationen im Winterhalbjahr zum großen Teil wegziehen, ein Teil aber hierbleibt.
   - JZ Zugvögel, bei denen die heimischen Populationen zum Teil oder ganz wegziehen, dann aber in Mitteleuropa durch nördliche und/oder östliche Populationen im Winter ersetzt werden. Diese Arten können daher bei uns ganzjährig gesehen werden.
   - St Standvögel. Ziehen normalerweise nicht weg.
   - W Wintergäste. Zugvögel, die aus kälteren und unwirtliche-

ren Gegenden zu uns kommen und hier überwintern.

IV Invasionsvögel. Plötzlich in großer Zahl und unvorhergesehen erscheinend. Meist Folge vorausgehender Überbevölkerung mit plötzlich eintretendem Nahrungsmangel in ihrer Heimat, etwa durch Ausfall ihrer Hauptnahrung.

Zur Fortpflanzung:
Falls eine Brut pro Jahr die Regel ist, wird es im Text nicht erwähnt. Bei diesen Arten kommt es nur bei Gelegeverlust zu Nachgelegen.

Topographie des Vogels

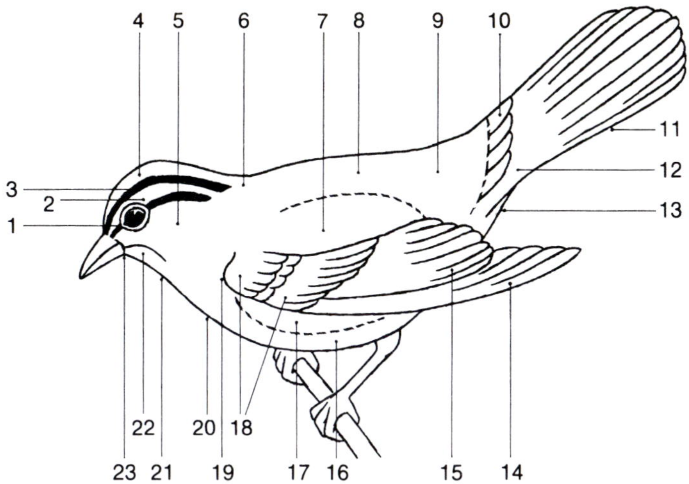

1 Augenstreif
2 Überaugenstreif
3 Kopfstreif
4 Scheitel
5 Wange
6 Nacken
7 Schulter
8 Rücken
9 Bürzel
10 Oberschwanzdecken
11 äußere Schwanzfedern
12 Schwanzwurzel
13 Unterschwanzdecken und Aftergegend
14 Handschwingen
15 Armschwingen
16 Bauch
17 Flanke
18 Flügelbinden
19 Flügelbug
20 Brust
21 Kehle
22 Bartstreif
23 Kinn

Haubentaucher
Podiceps cristatus

Schlichtkleid

Der Haubentaucher ist der häufigste von 5 in Mitteleuropa lebenden Lappentauchern. Sie alle leben auf und im Wasser und sind durch torpedoartigen Körperbau, am Steiß als Ruder ansetzenden Beinen, spitzen Schnäbeln und extrem kurzem Schwanz hervorragend an ihre Lebensweise, die Unterwasserjagd, angepaßt. Süßwasserbewohner. **Merkmale:** Im Brutkleid leicht kenntlich an der rotbraun-schwarzen Halskrause. Im grauweißen Schlichtkleid (s. Grafik) sind der rosafarbene Schnabel und der weiße Überaugenstreif die Unterscheidungsmerkmale zum Rothalstaucher, *Podiceps griseigena.* **Vorkommen:** Auf größeren stehenden Gewässern. Während des Zuges und im Winter auch an der Küste und auf fließenden Gewässern. – St. **Nahrung:** Vorwiegend Fische, Wasserinsekten und deren Larven, Krebse, Kaulquappen. **Fortpflanzung:** Das Nest steht am Gewässerrand bevorzugt in Rohrkolben, *Typha;* Schwimmnest. Es enthält meist 4 Eier. Brutdauer 25–29 Tage. Die Nestflüchter werden 10–11 Wochen von ihren Eltern geführt (s. Foto); die Eltern teilen sich die Jungenzahl auf.

Höckerschwan
Cygnus olor

Weibchen

Merkmale: Die drei europäischen Schwäne (Höcker-, Sing- und Zwergschwan) sind weiß. Der Schnabel ist rot (Höckerschwan) oder gelb gefärbt. Beim erwachsenen Höckerschwan ist er leuchtend orangerot mit schwarzer Wurzel, schwarzem Nagel und Höcker. Beim ♂ ist der Höcker besonders ausgeprägt. Die Grafik zeigt das ♀, das einen kleineren Höcker hat, das Foto das ♂. Junge Höckerschwäne haben wie andere Jungschwäne ein graubraun-schmutzigweißes Gefieder, aber bleigraue statt blaß fleischfarbene Schnäbel ohne Höcker (s. Foto), die im 2. Lebensjahr in gelbrot umfärben. Kennzeichnend ist jedoch die schwarze Schnabelwurzel. Einige Jungvögel sind schneeweiß (wie im Foto). Im Flug erzeugen die Flügelschläge ein lautes Singen. **Vorkommen:** Charaktervogel der Binnengewässer; oft künstlich angesiedelt. An den Küsten Nichtbrüter und Wintergast. – St. **Nahrung:** Unterwasserpflanzen, die er mit seinem langen Hals gut erreicht; Gras. Zur Verdauungshilfe Steinchen und Erde. Kein Fischereischädling. **Fortpflanzung:** Das große, mächtige Nest wird auf trockenem Boden nahe am Gewässer erbaut. Es enthält 5–8 Eier. Brutdauer 35–38 Tage. Die Jungen werden monatelang geführt.

Graugans
Anser anser

Vorfahr unserer Hausgans. **Merkmale:** Die sieben graubraunen Arten der Gattung *Anser* sind nur anhand von Schnabel- und Fußfärbung, Schnabelgestalt und Rufen zu bestimmen. Licht und Schatten können den Beobachter völlig täuschen. – Graugänse wirken silbergrau. Schnabel der westlichen Rasse ist rein sattgelb mit hell-fleischfarbenem Nagel, der der östlichen Rasse kräftig rosa. Flachstirnig! Jungvögel dunkler und ohne den schmalen weißen Ring an der Schnabelwurzel. **Vorkommen:** Brütet in großen Flachmooren mit freiem Wasser und an Binnenseen. Während des Zuges und im Winter auf Weiden, Äckern und Brachland. – TZ mit Winterquartier in Westeuropa bis Nordafrika. **Nahrung:** Wie alle Gänse Vegetarier. Grünes, Wurzeln, Samen und Knollen werden in jahreszeitlichem Wechsel bevorzugt. **Fortpflanzung:** Bodenbrüter. Das mit Dunen weich ausgekleidete Nest steht in altem Schilf und Röhricht, in Unterholz und Stockausschlägen oder sogar frei. 3–14, meistens 4–9 Eier. Brutdauer 28–29 Tage. Nestflüchter. Die Gössel werden mit der 10. Lebenswoche flugfähig. Sie bleiben bis zum nächsten Frühjahr in der Familie.

Fischreiher, Graureiher
Ardea cinerea

Jungvogel

Merkmale: Ein großer hellgrau-weißer Schreitvogel mit schwarzen Abzeichen, im Flug s-förmig gekrümmtem Hals (s. Grafik S. 16) und blaßgelbem Dolchschnabel. Jungvögel mit schwärzlich hornfarbenem Schnabel und grauem statt weißem Scheitel sowie ohne die schwarzen Schmuckfedern am Nacken (s. Grafik). **Verwechslung:** Der Purpurreiher, *Ardea purpurea*, hat einen schokoladenbraunen Hals und schwarzen Unterbauch. **Vorkommen:** Seichte Uferzonen aller Gewässer von der Meeresküste bis zum Wassergraben. Im Spätsommer auf Feldern zur Mäusejagd. – TZ. **Nahrung:** Schleich- und Ansitzjäger. Hauptnahrung Fische, während der Brutzeit überwiegend Weißfische von 10–15 cm Länge; ferner alle Tiere, die er bewältigen kann, insbesondere Ratten, Wühlmäuse, Wasserratten. Daneben Frösche, Schlangen und Insekten. Nicht wählerisch. Der tägliche Nahrungsbedarf liegt zwischen 330 und 500 g. **Fortpflanzung:** Koloniebrüter in den Wipfeln hoher Waldbäume, selten im Schilf. Die Knüppelhorste enthalten 3–5 Eier. Brutdauer 25–28 Tage. Die selten mehr als 3 Jungen sind Nesthocker und verlassen die Kolonie endgültig im Alter von 8–9 Wochen. Beide Eltern füttern Tag und Nacht.

Weißstorch

Ciconia ciconia

Weißstorch

Fischreiher

Unser Storch wohnt nur dort, wo er die für die Jungenaufzucht notwendige »Säuglingsnahrung« – Regenwürmer literweise! – ausreichend finden kann. Wo aber gibt es heute noch ausgedehnte feuchte Wiesengründe und vor allem die herrlichen Flachmoore? Wieviel ursprüngliche Landschaft ist in diesem Jahrhundert bei uns nicht nur aus Not, sondern sehr oft gedankenlos und wirtschaftlich gesehen unnötig vernichtet worden. Die fast immer tödlichen Unfälle beim Anfliegen an freistehende Leitungen und die Gefahren der heutigen chemischen Schädlingsbekämpfung sind noch nicht gebannt, so daß der zur Zeit recht günstige Verlauf des Bestandes (allerdings auf weit tieferem Niveau als früher) nicht für selbstverständlich angenommen werden darf. 2000 gab es in Deutschland rund 4420 Paare, gegenüber 4280 im Vorjahr, davon 3580 Paare in Mecklenburg-Vorpommern und Brandenburg. Nach der Roten Liste als »gefährdet« eingestuft. Für die Jungenaufzucht wichtig sind nasse Frühjahre und trockene Sommer. **Merkmale:** Im Kinderlied heißt es treffend von Freund Adebar »Er hat ein schwarz-weiß Röckchen an und trägt rote Strümpfe«. Junge Störche haben schwarze, später braune Schnäbel. Fliegt mit ausgestrecktem Hals, während der Fischreiher mit s-förmig gebogenem Hals fliegt (s. Grafiken). **Vorkommen:** Sümpfe, feuchte Wiesen und flache Gewässer in offener Landschaft. – Zugvogel, der auf zwei festen Routen (über die Straße von Gibraltar bzw. über den Bosporus) ins süd- und ostafrikanische Winterquartier zieht. Die Zugscheide liegt etwa auf der Höhe von Weser und Ems und verläuft von dort über Osthessen nach Schweinfurt. Jungstörche aus einem Nest in einem breiten Mischgebiet seitlich dieser Zugscheide können in beide Richtungen abziehen. **Nahrung:** Mäuse, Insekten, Regenwürmer; weniger Frösche, Krebse, Eidechsen, Schlangen, Fische, auch Aas. Wenn die Vögel aus dem Winterquartier heimkommen, sind sie anfangs (bis zu 90%) auf Regenwürmer angewiesen. Im Winterquartier sind Heuschrecken Hauptnahrung. **Fortpflanzung:** Der mächtige Horst steht frei und hoch auf Gebäuden, Türmen, Schornsteinen und Bäumen. Brutdauer für die 3–5 Eier 33–34 Tage. Nestlingsdauer 54–63 Tage. Bis zur 4. Lebenswoche hält einer der Eltern ständig Wache am Nest. Erst danach ist ein Elternteil imstande, die Jungen alleine großzuziehen. Kunsthorste werden gerne angenommen.

Stockente
Anas platyrhynchos

Stockente
Weibchen

Löffelente
Weibchen

Die Erpel aller Entenarten tragen fast das ganze Jahr über ein vom schlichten, braunen weiblichen Kleid abstechendes buntes Prachtkleid. Nur im Sommer und Frühherbst tragen sie weibchenfarbene Schlichtkleider. Bei den Schwimmenten der Gattung *Anas* paaren sich die Geschlechter schon im Winterquartier oder auf dem Heimzug. Der Erpel folgt der Ente in ihre Heimat. Zu allen Jahreszeiten ist die Stockente bei uns die häufigste Art. Stammeltern unserer Hausenten; Bastarde sind nicht selten. **Merkmale:** ♂ im Prachtkleid: dunkelgrüner Kopf, durch weißen Halsring von der dunkelbraunen Brust getrennt; Füße orangerot. ♀ : braun gefleckt, Schnabel grünlich oliv, Schnabelseiten oft teakfarben überlaufen. Im Flug ist für beide der metallisch-blaue Flügelspiegel kennzeichnend. **Verwechslung:** ♀ und Jungvögel leicht mit anderen Schwimmenten verwechselbar; die Löffelente, *Anas clypeata*, aber am Schnabel sofort erkennbar (s. Grafik). **Vorkommen:** Auf allen Gewässern. – TZ. **Nahrung:** Jahreszeitlich wechselnd. Im Spätherbst, Winter, Vorfrühling fast nur pflanzlicher Art (Samen, Wintertriebe); zur Brutzeit und im Frühsommer überwiegend Weichtiere und Insekten. **Fortpflanzung:** Boden- und Baumbrüter von größtem Einfallsreichtum; offene und Höhlennester mit meist 7–11 Eiern. Brutdauer 24–32 Tage. Das ♀ führt die Jungen bis zur Flugfähigkeit mit 8 Wochen.

Spießente
Anas acuta

Merkmale: ♂ im Prachtkleid: Kopf und Hinterhals braun, mit stilettförmigem Fortsatz der weißen Halsfärbung. Schwarze, lange Schwanzspieße (im Foto nicht sichtbar). Flanken und Oberkörper grau. ♀ : hellbraun gestreift; Kopf braun. Schnabel beider bleigrau. Flügelspiegel grün, beim ♀ undeutlich rostbräunlich. **Verwechslung:** Wie bei der Stockente. **Vorkommen:** Auf flachen vegetationsreichen Seen, Mooren, Heiden und Dünen. Auf dem Zug und im Winter in Flußmündungen, Lagunen und an der Meeresküste. Brutvogel in Nord- und Ostdeutschland sowie im Burgenland. Nach der Roten Liste als »stark gefährdet« eingestuft. – TZ. **Nahrung:** Jahreszeitlich wechselnd wie bei der Stockente. Nahrungssuche im flachen Binnenseen und im Watt. **Fortpflanzung:** Bodenbrüter in möglichst trockenem Gelände, meist offen auf Weiden und in Saatfeldern. Normal 7–11 Eier. Brutdauer 21–23 Tage. Das ♀ führt die Jungen bis zur Flugfähigkeit mit 7 Wochen.

Reiherente
Aythya fuligula

Reiherente
Weibchen mit
weißem Schnabelgrund

Bergente
Weibchen

Tauchenten der Gattung *Aythya* tauchen und schwimmen unter Wasser, im Gegensatz zu den Schwimmenten der Gattung *Anas*, die gründeln (»Köpfchen in das Wasser, Schwänzchen in die Höh«). Tauchenten sind auch gedrungener und liegen tiefer im Wasser. **Merkmale:** Federbusch am Hinterkopf. ♂ im Prachtkleid: schwarz mit weißen Flanken; Kopf purpurviolett schimmernd. ♀ und Jungvögel schwarzbraun. ♀ mitunter mit weißen Vorderbacken oder schmalem hellen Schnabelgrund (s. Grafik, vgl. vorderes Tier auf dem Foto). Bauch und Aftergegend bei ♀ weiß bis schwarz. **Verwechslung:** ♀ mit ♀ Bergente, *Aythya marila*. Diese mit breitem weißen Ring am Schnabelgrund (s. Grafik); Schnabel zur Spitze breiter werdend. Verwaschener weißer Ohrfleck. Bergenten bei uns nur im Winterhalbjahr anwesend. **Vorkommen:** An bis zu 6 m tiefen Seen und Teichen und an der Ostseeküste. Außerhalb der Brutzeit auch auf langsam fließenden Gewässern. Brutvogel in ganz Deutschland, in der deutschen Schweiz, im österreichischen Waldviertel. – TZ. **Nahrung:** Vor allem Weichtiere, besonders die Wandermuschel, *Dreissena polymorpha*. **Fortpflanzung:** Nest auf Inselchen am Boden meist gut versteckt, auch in Höhlungen. 5–12 Eier. Brutdauer 23–25 Tage. Das ♀ führt die Jungen 6 Wochen lang; mit 9 Wochen werden diese flugfähig.

Tafelente
Aythya ferina

Merkmale: Hell graublaues Schnabelband. ♂ im Prachtkleid: rotbrauner Kopf und Hals, Brust und Körperende schwarz, Flanken und Rücken grau. ♀ : dunkelbraun, Flanken und Rücken grau, fein dunkel quergewellt. **Verwechslung:** ♀ mit denen der Reiher- und Bergente, aber zu unterscheiden an verwaschenem, hellbraunem Fleck an Kinn und Schnabelgrund sowie braunen (statt gelben) Augen. **Vorkommen:** Nahrungsreiche ruhige Gewässer von höchstens 1 m Tiefe mit Röhrichtgürtel. Außerhalb der Brutzeit verstärkt auf Kunstseen. Brutvogel in ganz Deutschland, besonders in Ost und Nord, dem nördlichen Österreich und im Burgenland, in der Schweiz am Neuenburger See. – TZ. **Nahrung:** Tierische und pflanzliche aller Art, von kleinsten Mückenlarven bis zu 8 cm langen Pflanzenteilen. **Fortpflanzung:** Bodenbrüter. Nest im Röhricht oder in der Ufervegetation; wassernah. 6–9 Eier. Brutdauer 23–28 Tage. Das ♀ führt die Jungen 50–55 Tage.

Habicht

Accipiter gentilis

Jungvogel

Merkmale: Greifvogel; ♀ von der Größe eines Mäusebussards, ♂ kleiner. Die gesamte Unterseite ist eng dunkelbraun quergestreift (=gesperbert). Längsgerichtete Schaftstriche geben im Idealfall (vgl. Foto) ein Kreuzmuster. Der lange, abgerundete (beim Sperber hingegen meist glatt abgeschnittene) Schwanz zeigt vier dunkle Querbinden. Oberseits dunkel graubraun bis schiefergrau; auch an den Backen. Über dem hellroten Auge ein breiter, weißer Augenstreif. Junghabichte sehen ganz anders aus: Sie sind mittelbraun gefärbt und haben unterseits auf beigem Grund sattbraune Längsstreifen (s. Grafik). Ihr Auge ist gelb. **Verwechslung:** Mit dem Sperber. Es gehört sehr viel Erfahrung dazu, beide Arten im Flug auseinanderzuhalten. Beide haben breite, runde Flügel; der Habicht im Flugbild dazu einen auffallend schmal wirkenden Schwanz. **Vorkommen:** In reich gegliederter Wald- und Kulturlandschaft; im Grün der Städte. Braucht Deckung. Nach der Roten Liste als »gefährdet« eingestuft. – JZ. **Nahrung:** Vögel und Säuger. Es überwiegen Eichelhäher, verwilderte Haustauben, Ringeltauben, Drosseln und Kaninchen. Der Habicht ist der natürliche Feind des Sperbers. **Fortpflanzung:** Horst in den Kronen des Hochwaldes. Gelege meist 3–4 Eier; Brutdauer 35–42, Nestlingszeit 35–40 Tage.

Sperber

Accipiter nisus

Foto: ♂

Weibchen

Merkmale: Ein taubengroßer (♀; ♂ ist kleiner) Greifvogel. Quergestreifte (gesperberte) Unterseite beim ♂ rostbraun, beim ♀ grau. ♂ oberseits blaugrau bis schiefergrau (s. Foto), ♀ brauner. Der lange, meist gerade abgeschnittene Schwanz zeigt vier Querbinden wie beim Habicht. Backen beim ♂ rostbraun; der weiße Überaugenstreif nur beim ♀ und Jungvogel vorhanden und schmäler als beim Habicht (s. Grafik). Auge gelb bis orangerot (beim alten ♂). Jungvögel ähneln den Alten mehr als beim Habicht und sind brauner. **Verwechslung:** Mit dem Habicht. **Vorkommen:** Halboffene bis offene Wald- und Kulturlandschaft mit Hecken; im Grün der Städte. Nach der Roten Liste als »gefährdet« eingestuft. – JZ. **Nahrung:** Kleinvögel. Hält Spatzen und Amseln kurz, die im Winter fast 50% seiner Nahrung ausmachen. Blitzschneller, gewandter Heckenjäger. **Fortpflanzung:** Baumbrüter, am liebsten in Fichten. Gelege meist 4–6 Eier. Brutdauer 33–36, Nestlingszeit 24–30 Tage. – Baummarder und Habicht sind die natürlichen Feinde des Sperbers.

Mäusebussard

Buteo buteo

Flugbild

Merkmale: Ein großer kräftiger Greifvogel mit kurzem, aber breitem, dicht quergebändertem Schwanz. Oberseits mittel- bis dunkelbraun, das übrige Gefieder bei allen Vögeln verschieden. Es gibt unterseits nahezu weiße bis einfarbig dunkelbraune Mäusebussarde. Charakteristischer Segelflieger; unser häufigster Greifvogel in Wald und Feld. Ruffreudig, sein »hiää« ist jedem bekannt. **Verwechslung:** Mit dem Wespenbussard, *Pernis apivorus*, der aber schlanker, langflügeliger ist und im Schwanz nur drei breite, dunkle Querbinden – eine am Ende, zwei in Laufhöhe – zeigt; mit einem seltenen Wintergast, dem Rauhfußbussard, *Buteo lagopus*, dessen weiße Schwanzunterseite mit breiter dunkler Binde abschließt; mit Milanen (s.u.), die gegabelte Schwänze haben; mit Eichelhähern, die seinen Ruf täuschend nachahmen. **Vorkommen:** Über offenen Landschaften. – JZ. **Nahrung:** Wühlmäuse. Daneben andere Kleinsäuger, Jungvögel, Kaltblüter, Insekten und Aas. **Fortpflanzung:** Baumbrüter. Gelege meist 2–3 Eier. Brutdauer 33 bis 35, Nestlingszeit 42–49 Tage.

Schwarzmilan

Milvus migrans

Schwarzmilan

Flugbild

Rotmilan

Milane (es gibt zwei Arten) sind bussardgroße, schlanke Greifvögel mit langen Flügeln und langem, gegabeltem Schwanz (»Gabelweih«). Die heutige totale Abfallbeseitigung hat ihnen als Aasliebhabern die Lebensgrundlage stark geschmälert, und die Verseuchung unserer Gewässer gefährdet sie direkt. In der Roten Liste sind die beiden Milane als »gefährdet« eingestuft. Ruffreudig. **Merkmale:** Schwanz des dunkelbraunen Schwarzmilans nur schwach gegabelt und deutlich dunkel quergebändert. Flugbild von unten fast einheitlich schwarzbraun (s. Grafik). Rotmilane, *Milvus milvus*, sind heller braun, und ihr Schwanz ist oberseits einfarbig rostrot, unterseits hellbeige. **Verwechslung:** Mit Bussarden und Weihen. Aber nur Milane haben gegabelte Schwänze. **Vorkommen:** Schwarzmilane in Waldlandschaften mit Gewässern, Rotmilane in der Agrarlandschaft mit Laubgehölzen und Laubwald für die Horste. – Z. (Rotmilan seit 1960/61 auch St.). Es gibt in Deutschland rund dreimal mehr Rot- als Schwarzmilane; sie leben vor allem in Ostdeutschland. **Nahrung:** Fische, die von der Wasseroberfläche gegriffen werden; Vögel, Aas, Kleinsäuger. **Fortpflanzung:** Baumbrüter in Wäldern. Gelege meist 2–3 Eier. Brutdauer 28–32 (Rotmilan 31–32), Nestlingszeit 42–52 (Rotmilan 48–60) Tage.

Baumfalke

Falco subbuteo

Falken sind kleine Greifvögel mit spitzen Flügeln und schmalen, langen Schwänzen, die an rasante Flugjagd hervorragend angepaßt sind. Ihre Augen sind dunkel. Die ♀ sind größer als die ♂. Sie bauen keine eigenen Nester. **Merkmale:** Oberseits schwarz-schieferfarben, unterseits kräftig längsgestreift, mit rostfarbenen Hosen. Der schwarze Backenbart kontrastiert mit dem Weiß von Kehle und Wangen. Gelbe Beine. Junge brauner, ohne rostfarbene Hosen. **Vorkommen:** In offener bewaldeter Landschaft bis in Höhenlagen von maximal 1000 m, auch in grüner Stadtlandschaft. Lokal häufig, anderswo fehlend. In Deutschland rund 3500 Brutpaare, in den Niederlanden bis zu 1000, in Österreich 600, in der Schweiz mindestens 600 und in Polen 1500. Nach der Roten Liste als »gefährdet« eingestuft. – Z. **Nahrung:** Kleinvögel und etwas Insekten. Im Winterquartier Insekten, vor allem Termiten. **Fortpflanzung:** Baumbrüter, bevorzugt Nadelbäume und Krähennester. Gelege 2–4 Eier, Brutdauer 28–31, Nestlingszeit 28–34 Tage.

Turmfalke

Falco tinnunculus

Foto: ♀

Schwanz Männchen

Schwanz Weibchen

Unser rüttelnder »Autobahnfalke«! **Merkmale:** Oberseits rotbraun, Handschwingen schwarzbraun. Langer dunkler Backenbart. Unterseits auf lehmfarbenem Grund braune Längsstreifen. Beine gelb. ♂: Oberkopf, Nacken, Backenbart und Bürzel blaugrau; Schwanz ebenso, mit breiter schwarzer Endbinde (s. Grafik). ♀: Die beim ♂ grauen Partien sind hier rotbraun (s. Foto). Schwanz eng dunkelbraun quergebändert (s. Grafik). **Verwechslung:** Mit dem in Slowenien, Kroatien und Ungarn brütenden Rötelfalken, *Falco naumanni*, der ihm zum Verwechseln ähnlich sieht. Das Rötelfalken-♂ ist aber oberseits ungefleckt und ohne Backenbart; beim ♀ ist der Backenbart nur angedeutet. Stimmen deutlich verschieden. Krallen des Rötelfalken hell, selten so dunkel wie beim Turmfalken. **Vorkommen:** Über freien Flächen mit gar keiner oder kurzer Vegetation, wie Feldern, Weiden, Brachland. In Stadt und Land. – JZ. **Nahrung:** Mäuse; wo diese fehlen, jagt er Kleinvögel, in Städten vor allem Spatzen (Notnahrung). Rütteljäger. **Fortpflanzung:** Brütet in Bäumen, Felsen, Gebäuden (besonders hohen Türmen), offen oder in Höhlen. Gelege meist 4–6 Eier. Brutdauer 27–31, Nestlingszeit 27–32 Tage.

Fasan
Phasianus colchicus

Großer, extrem langschwänziger Hühnervogel asiatischer Herkunft. Der Fasan hält sich in Mitteleuropa nicht ohne ständige alljährliche Nachzucht in Fasanerien. Bei uns ein echtes Haustier, das aus jagdlichen Gründen frei gehalten wird. **Merkmale:** Hennen lehmfarben mit schwarzbrauner Fleckung. Hähne bunt (s. Foto): Gefieder kupferrot, die Einzelfeder blauschwarz gerändert; Kopf metallisch grün, das nackte Gesicht blutrot; manche Hähne mit weißem Halsring (Einschlag ostasiatischer Rassen). Hahn mit rauhem, schallendem Ruf. Junge weibchenfarben und kurzschwänzig. **Vorkommen:** Deckungsreiche Kulturlandschaft, unterholzreiche Wälder (ursprünglicher Lebensraum). – St. **Nahrung:** Jede Art pflanzlicher Nahrung, Kleintiere bis zu Mäusen und kleinen Schlangen. **Fortpflanzung:** Haremsbildung. Bodenbrüter. Gelege 6–12 Eier. (Heute werden vor der Heuernte die Gelege aufgelesen und künstlich ausgebrütet.) Brutdauer 22–24 Tage. Nestflüchter, flugfähig mit 10–12 Tagen; das ♀ führt die Jungen bis zu ihrem 70.–80. Lebenstag.

Rebhuhn
Perdix perdix

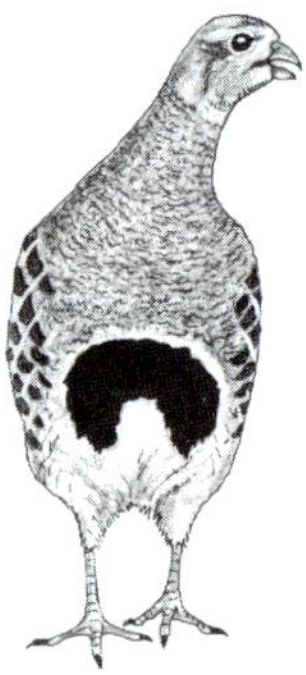
Hahn

Ein kleines Feldhuhn, paarweise oder im Familienverband lebend. Auch dämmerungsaktiv. **Merkmale:** Fliegt erst unmittelbar vor dem Menschen mit durchdringenden Rufen auf und fällt nach kurzem, niedrigem Flug schnell wieder ein, um zu Fuß weiter zu flüchten. Oberseite braun gemustert. Schwanz rostbraun, Gesicht orangebraun. Hähne mit hufeisenförmigem, schokoladenbraunem Bauchschild (s. Grafik); bei Hennen nur angedeutet oder fehlend. Hennen mit hell bis weißlich eingefaßter Kopfplatte. **Vorkommen:** Bodenbewohner der Kultursteppe, d.h. auf Feldern und Wiesen mit reicher Deckung; bevorzugt warme und trockene Böden. Das Ausräumen der Landschaft gefährdet das Rebhuhn sehr und kann zum Untergang der ganzen Art bei uns führen. Nach der Roten Liste als »stark gefährdet« eingestuft. – St. **Nahrung:** Grünzeug, Getreidekörner, Unkrautsamen, Insekten. Junge erhalten bis zur 4. Lebenswoche fast nur tierische Kost. **Fortpflanzung:** Bodenbrüter. Muldennest mit meist 10–20 Eiern, Brutdauer 24–26 Tage. Nestflüchter, flugfähig mit 13–14 Tagen. Die Jungen werden von beiden Eltern geführt und bleiben bis in den Winter bei ihnen.

Teichhuhn

Gallinula chloropus

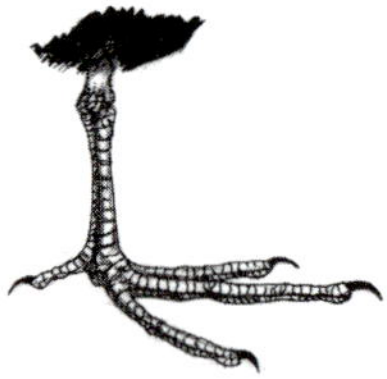

Rallen und Sumpfhühner sind an das Leben in Sumpf und Wasser angepaßte, altertümliche, langbeinige Laufvögel. Es sind schlechte Flieger mit kurzen Flügeln und Schwänzen. Einige sind geschickte Taucher. Das Teichhuhn ist bei uns zum häufigen, vertrauten Parkvogel geworden. **Merkmale:** Schnabel und Stirnschild lackrot. Gefieder düster grau-schwarz mit dünnem, weißem Flankenstrich. Beine grün, Füße ohne Lappen (s. Grafik). Der unterseits weiße Schwanz wird meist hochgestellt. Jungvögel graubraun, mit beiger Kehle. **Verwechslung:** Junge mit jungen Bläßhühnern, denen aber die weißen Unterschwanzdecken fehlen. **Vorkommen:** Sumpfige und schlammige Uferzonen auch kleinster Binnengewässer. Liebt dichte, üppige Vegetation. – JZ. **Nahrung:** Jahreszeitliche Unterschiede. Pflanzen und Tiere der Uferzone unter und über Wasser, im Winter auch Gras. **Fortpflanzung:** Nest normalerweise versteckt am Boden, in Büschen und selbst in Bäumen; in den städtischen Parks auch völlig frei stehend. Gelege 5–11 Eier; 2 Bruten sind üblich, maximal 4 Bruten. Brutdauer 17–24 Tage. Nestflüchter, die mit rund 35 Tagen flugfähig sind. Der Familienverband bleibt länger bestehen.

Bläßhuhn

Fulica atra

Eine an das Wasserleben und Tauchen angepaßte Ralle. Vertrauter Wintergast auf den Seen und Flüssen unserer Städte. **Merkmale:** Ein pechschwarzer Vogel mit weißem Stirnschild und Schnabel. Farbe der Lappenfüße (s. Grafik) variabel von Bleigrau bis Gelb. Auge bei Jungen braun, bei Altvögeln rot. Junge wie junge Teichhühner, aber ohne deren weiße Unterschwanzdecken. **Vorkommen:** Stehende und langsam fließende, nahrungsreiche Gewässer von über 100 m^2 Fläche mit flachen, bewachsenen Ufern; auch Parkteiche. – JZ. **Nahrung:** Pflanzen und Tiere am Ufer, auf dem Wasser und unter Wasser. Bläßhühner können gründeln und tauchen, aufpicken und grasen. Es überwiegen Wasserpflanzen, kleine Weichtiere und Wasserinsekten. Hauptwinternahrung an vielen Plätzen die Wandermuschel, *Dreissena polymorpha.* **Fortpflanzung:** Nest in dichter Ufervegetation im Wasser. Gelege meist 5–10 Eier; Zweitbruten als Einzelfälle bekannt. Brutdauer 22–24 Tage. Nestflüchter, die mit ca. 8 Wochen flugfähig werden.

Kranich

Grus grus

Kraniche sind große, schlanke Vögel mit langen Hälsen und Beinen, die aber weder mit Reihern noch mit Störchen verwandt sind. Gesellige Vögel, die uns durch ihre Frühjahrs- und Herbstzüge, wenn sie mit schmetternden Trompetenrufen bei schönem Wetter über Stadt und Land ziehen, bekannt sind. Als Brutvogel ist der Kranich bei uns durch Vernichtung der Flach-, Hoch- und Waldmoore stark gefährdet (Rote Liste). **Merkmale:** Grau; Vorderhals, Stirn und Nacken schwarz. Scheitel rot, Backen und Hinterhals weiß. Auge rot oder hellgelb. Aus Armschwingen gebildete lang herabhängende Schmuckfedern. Jungvögel braun. Beim Flug sind Hals und Beine gestreckt. **Vorkommen:** Brütet in baumbestandenen Sümpfen und Mooren. Sehr scheu und vorsichtig. Überfliegt auf dem Zuge (in Keilformation) Mitteleuropa in bestimmten Luftkorridoren, sogenannten Schmalfronten. – Z. **Nahrung:** Vielseitig, überwiegend pflanzlicher Art (nimmt gerne angebotene Getreidekörner an), aber auch Kleintiere der offenen Landschaft. **Fortpflanzung:** In lebenslanger Ehe lebender Bodenbrüter. Gelege meist 2 Eier. Brutdauer 28–31Tage. Nestlingsdauer 1 Tag. Junge sind mit 9–10 Lebenswochen flugfähig und bleiben vielfach bis zum Frühjahr in der Familie.

Kiebitz

Vanellus vanellus

Jungvogel

Unter den zahlreichen Watvögeln (Limikolen) ist der Kiebitz der häufigste Binnenlandbrüter und zudem derjenige, der dem Laien am ehesten auffallen wird. **Merkmale:** Ein taubengroßer, schwarz-weißer Vogel mit breiten, runden Flügeln, der durch seinen wuchtelnden Balzflug und Revierverteidigungsflug sowie seinen Ruf »chiewitt« sofort bestimmbar ist. Er trägt einen langen Nackenschopf, und sein dunkles Gefieder hat metallisch purpurnen und grünen Glanz. Bei Jungvögeln Haube kürzer und Gesichtszeichnung wie beim Winterkleid der Altvögel weniger kontrastreich, Schwarz am Kopf weniger ausgedehnt (s. Grafik). **Vorkommen:** Flache, vegetationsarme bis -leere, großräumige Flächen: Wiesen, Äcker, Dünen, Brache. Nach der Roten Liste als »gefährdet« eingestuft. – Z; schon in West- und Südeuropa überwinternd. **Nahrung:** Kleine Bodentiere aller Art, die durch Bodenklopfen hervorgelockt und dann aus dem Boden gebohrt oder aufgepickt werden. **Fortpflanzung:** Nest in selbstgedrehter Bodenmulde; 4 Eier. Brutdauer 26–29 Tage. Nestflüchter, die mit 30–42 Tagen flugfähig werden.

Lachmöwe
Larus ridibundus

Winterkleid

Die geringe Scheu und die große Anpassungsfähigkeit der Lachmöwe haben ihr seit 1902 ermöglicht, die besonderen Nahrungsquellen unserer Städte – schwimmende Abfälle und fütterungswillige Menschen – in steigendem Umfang allwinterlich zu nutzen. Seither ist sie vertrauter und häufiger Wintergast unserer Städte, und 97% aller Stadtmöwen sind Lachmöwen. **Merkmale:** Eine typische weiße Möwe mit schwarzen Flügelspitzen und artkennzeichnendem, weißen Flügelvorderrand im Flug. Kopf im Winterkleid weiß mit dunklem Hinterohrfleck (s. Grafik); im Sommerkleid schokoladenbraun mit weißem Augenring (s. Foto). Schnabel und Beine tiefrot. Jungvögel zeigen eine braune Fleckung des Flügels und Hinterkopfes und eine schwarze Schwanzendbinde; Schnabel dunkel, Beine fleischfarben. **Vorkommen:** Brutvogel nahrungsreicher Binnengewässer. Außerhalb der Brutzeit an allen Gewässern, an der Küste und in Städten. – JZ. **Nahrung:** Kleintiere aller Art, Mäuse, menschliche Abfälle. **Fortpflanzung:** Koloniebrüter auf geschützten Inseln. Bodennest mit meist 3 Eiern. Brutdauer 21–27, Nestlingszeit 2–3 Tage; mit 5 Wochen flügge.

Sturmmöwe
Larus canus

Merkmale: Eine mittelgroße weiße Möwe ohne besondere Abzeichen. Arttypisch sind gelbgrüne Beine und Schnabel (ohne roten Fleck). Im Winterkleid Oberkopf und Nacken mit graubraunen Strichen. Junge wie alle jungen Großmöwen dunkelbraun gefärbt; arttypisch sind weißer Schwanz mit breiter, schwarzer Endbinde, gelblich-fleischfarbener Schnabel mit brauner Spitze und bläulich-fleischfarbene Beine. Unterseite weißlich. **Vorkommen:** Nach der Lachmöwe (s.o.) die nächsthäufige Binnenlandmöwe, aber vornehmlich ein Küstenvogel. Macht in Städten den Winter über 3% der anwesenden Möwen aus. – JZ. **Nahrung:** Alle Arten von Bodentieren bis zur Größe von Wühlmäusen, Fröschen und Jungvögeln. Aas, menschliche Abfälle. **Fortpflanzung:** Koloniebrüter mit Bevorzugung des westlichen Ostseeraumes. Siedelt jetzt auch im Binnenland in einsamen Mooren und im Brachland. Lebt in Dauerehe, Scheidungsrate gering. Bodennest mit 2–3 Eiern. Brutdauer 22–29, Nestlingszeit 2–3 Tage; flügge mit 5 Wochen.

Ringeltaube
Columba palumbus

Jungvogel

Tauben sind eine altertümliche Vogelfamilie von Körner- und Fruchtfressern. Sie trinken nicht mit Kopfanheben, sondern saugen das Wasser wie in einem Strohhalm hoch. Die Brutablösung der Geschlechter ist zeitlich fest fixiert. Als einzige Vögel füttern Tauben ihre Jungen mit eigener, in der Kropfwand beider Eltern gebildeter Milch. **Merkmale:** Eine große, kräftige, blaugraue Taube mit leuchtend weißem Halsfleck und weißen Flügel-Halbmonden. Grün und purpurn schillernde Federn säumen den weißen Halsfleck ein. Junge ohne ihn (s. Grafik). **Verwechslung:** Mit der Hohltaube, *Columba oenas,* die kleiner ist und ohne Weiß; mit verwilderten Haustauben, die sehr variabel sein können, denen aber ebenfalls jene weißen Abzeichen fehlen. **Vorkommen:** Wälder, Grün der Städte; zur Nahrungssuche auf jeglichem Kulturland, Lichtungen. – JZ. **Nahrung:** Samen aller Art, Knospen, zartes Grün, Kohl; Kleintiere. Jahreszeitliche Abweichungen im Speisezettel. **Fortpflanzung:** Baumbrüter mit 2 Jahresbruten, in Städten weitere. Gelege 2 Eier. Brutdauer 15–18 Tage, Nestlingsdauer 3–4 Wochen.

Türkentaube
Streptopelia decaocto

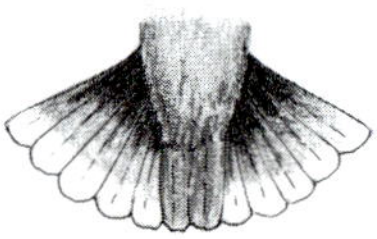

Schwanzoberseite

In einem spektakulären Siegeszug überrannte die balkanische-südwestasiatische Türkentaube, nachdem sie erstmals 1943 in Wien gebrütet hatte, Mittel- und Westeuropa und fehlt heute als Brutvogel nur noch in Teilen Iberiens und in Nordskandinavien. In Mitteleuropa seit einiger Zeit durch Nahrungsmangel und Wilderei wieder abnehmend; Bestandshöhepunkt lag um 1975. **Merkmale:** Eine mittelgroße, ungefleckte, graubraune Taube mit charakteristischem schwarzen, weiß gesäumten Halbmond im Nacken. Junge ohne diesen Halbmond. Im Flug durch die breite, weiße Schwanzendbinde auf der Schwanzunterseite sowie die diffus von dunkel staubgrau über hellgraubraun in weiß übergehende Färbung der Schwanzoberseite (s. Grafik) und durch weißliche Unterflügeldecken leicht zu erkennen. **Verwechslung:** Mit der Turteltaube (s. S. 38). Sie hat einen 7–8streifigen schwarz-weißen Halsfleck, hellbraun und schwarz gefleckte Oberseite und graublaue Unterflügel. **Vorkommen:** Bei uns reiner Kulturfolger und damit Bewohner der Städte und Dörfer. – St. **Nahrung:** Haustierfutter, Abfälle in Haus und Hof, Samen, Grünzeug, Beeren, Kleintiere. **Fortpflanzung:** Baum- und Gebäudebrüter mit 3–5 Jahresbruten. Im schlampigen Nest 2 Eier. Brutdauer 14–16, Nestlingszeit 16–20 Tage.

Turteltaube
Streptopelia turtur

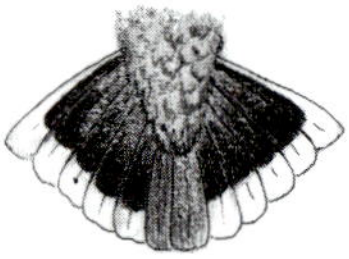

Turteltaube
Schwanzoberseite

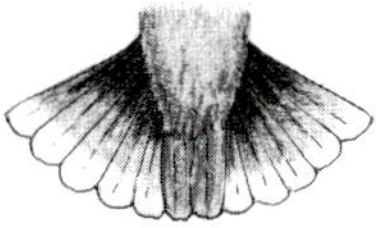

Türkentaube
Schwanzoberseite

Merkmale: Eine kleine, oberseits hellbraun und schwarz gefleckte Taube mit großem, schwarz-weißen, meist 7–8streifigen Halsfleck. Brust weinrötlich, Nakken und Hinterrücken blaugrau. Junge ohne Halsflekke. **Verwechslung:** Mit der Türkentaube, die aber anstelle des Halsflecks einen Halbmond hat und völlig ungefleckt ist. Deren Schwanzzeichnung diffus, bei der Turteltaube hingegen kontrastreich schwarz und weiß (s. Grafik). **Vorkommen:** In offenen Waldlandschaften. Als wärmebedürftige Taube nicht überall. Bevorzugt Ebenen und nach Süden hin offene Täler bis ca. 1000 m Höhe. In Schleswig-Holstein und Württemberg recht selten. – Z. **Nahrung:** Sämereien, Knospen, Grünzeug, Beeren und Pilze. **Fortpflanzung:** Das liderliche, durchschimmernde Nest mit 2 Eiern steht gut versteckt in Bäumen und dichten Hecken. Eventuell 2 Jahresbruten. Brutdauer 13–16, Nestlingszeit 18–23 Tage.

Kuckuck
Cuculus canorus

Jungvogel

Jeder hat seinen Ruf gehört, aber nur Wenige haben ihn gesehen. Dabei ist er nicht scheu, sondern wegen seines grauen Gefieders und des Lebens in Wäldern nur unscheinbar. In Ebenen sitzt er sogar gerne frei auf Zäunen und Leitungen. **Merkmale:** Ein grauer, mittelgroßer und relativ schlanker Vogel mit grau gesperbertem, weißen Bauch (Foto unten rechts: ♀). Die bei ♀ vorkommende braune Morphe ist auch oberseits ganz quergebändert (Foto unten links). Auge meist gelb. Jungkuckucke haben einen weißen Nackenfleck (s. Grafik). **Verwechslung:** Mit dem Sperber und dem ♀ des Turmfalken. Doch ganz andere Schnabelform, und grauer, runder Schwanz mit zarten, weißen Längsflekken unverwechselbar. **Vorkommen:** In allen deckungsreichen Landschaften von Wäldern bis zum Röhricht. – Z; überwintert im Süden und Osten Afrikas. **Nahrung:** Die von anderen Vögeln verschmähten behaarten Raupen. Daneben andere Insekten, Spinnen, Regenwürmer, Eier der Wirtsvögel. **Fortpflanzung:** Unser einziger Vogel, der seine Eier in die Nester anderer Singvögel legt, von ihnen ausbrüten und durch sie auch die Jungen großziehen läßt. Nützt je nach Gegend sehr verschiedene Wirtsvögel; legt jeweils ein Ei in das fremde Nest und entnimmt dafür ein Wirtsvogelei. Ein Kuckucks-♀ legt ca. 10–25 Eier jährlich. Das Kuckucksjunge hebelt im Alter von 1–4 Tagen die Jungen seiner Wirtseltern aus dem Nest. Brutdauer 12, Nestlingszeit 20–24 Tage; Führungszeit durch die »Stiefeltern« weitere 3 Wochen.

Schleiereule
Tyto alba

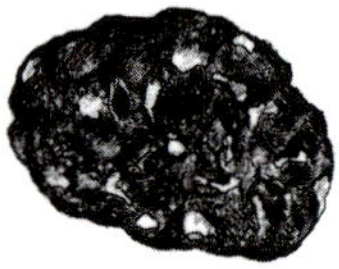

Schleiereule
Gewölle

Waldkauz
Gewölle

Eulen sind nachtaktive, nicht mit den Greifvögeln verwandte Fleischfesser mit extrem gutem Seh- und Hörvermögen, die bei der Mäusejagd kombiniert eingesetzt werden. Die großen Augen sitzen nicht wie bei den übrigen Vögeln seitlich, sondern vorne. Der Kopf ist sehr beweglich. Eulen fliegen dank ihres weichen Federkleides lautlos. Unverdauliches, wie Knochen, Fellhaare, Chitinteile, speien sie als wurstförmiges Gewölle wieder aus (s. Grafiken). Gewölle eignen sich daher bestens zur Nahrungsanalyse bei Eulen. Eulen sind nicht leicht zu bestimmen, da nicht ein einziges Merkmal charakteristisch ist, sondern erst die Gesamtschau aller vorhandenen und aller fehlenden Merkmale. **Merkmale:** Die Schleiereule ist die einzige Eule, die ungestreift ist und auf ihrer weißen, cremefarbenen oder gelbbraunen Unterseite (zwei Farbmorphen) höchstens zarte Tupfer besitzt. Herzförmiges Schleiergesicht ohne Federohren. Oberseits goldgelb mit dunkelbraunen Spritzern. **Vorkommen:** Jagt über offener Feldmark und Wiesen, brütet in Kirchtürmen, Scheunen, alten Gebäuden. Selten über 800 m ü. M. vorkommend. Nach der Roten Liste als »gefährdet« eingestuft. – St, der in schneereichen Jahren stark dezimiert wird. **Nahrung:** Gut zur Hälfte Wühlmäuse, ein Viertel Spitzmäuse. Daneben Vögel, Froschlurche. **Fortpflanzung:** Gelege 4–7 Eier auf nacktem Boden. Zweitbruten in mäusereichen, keine Brut in mäusearmen Jahren. Brutdauer 30–35 Tage, Nestlingszeit 7–10 Wochen.

Steinkauz
Athene noctua

Steinkauz
Gewölle

Im alten Griechenland begleitete der Steinkauz als heiliger Vogel die Göttin der Weisheit, Pallas Athene. **Merkmale:** Ein kleiner, kurzschwänziger, runder Kauz, der uns tagsüber vom Dach einer Scheune unverwandt ansieht oder sich an den warmen Schornstein »seines« Bauernhauses lehnt. Große, leuchtend gelbe Augen gucken unter flacher »Stirn« hervor. Schnabelansatz fast in Augenhöhe. Gefieder oberseits dunkelbraun mit lehmfarbenen Tropfen, unterseits hell lehmfarben mit dunkelbraunen Längsstreifen. **Vorkommen:** Feldjäger. In Obstplantagen, Kopfweiden-Beständen, Gärten, an Waldrändern; bis etwa 600 m ü. M. Nach der Roten Liste als »stark gefährdet« eingestuft. – St. **Nahrung:** Mäuse und Insekten, vor allem Käfer. **Fortpflanzung:** Brütet in natürlichen Baumhöhlen und auf Dachböden; nimmt Nistkästen an. Gelege 3–5 Eier. Brutdauer 22–28 Tage, Nestlingszeit 4–5 Wochen.

Waldkauz
Strix aluco

Ästling

Das gellende »kjuwik« des Waldkauzes wurde von Vielen für den Ruf des Totenvogels gehalten. In Wirklichkeit aber sind es nur die geschärften Sinne schlafloser Menschen, die plötzlich das allnächtliche Rufen des Käuzchens wahrnehmen. Die wirklich harmlosen Eulen sollten wir nach Kräften schützen und ihnen für ihre unablässige Mäusejagd ausgesprochen dankbar sein. **Merkmale:** Ein großer, gedrungener Kauz mit schwarzbraunen Augen, die mitten im Gesicht und über dem Schnabelansatz stehen. Der dunkle Mittelscheitel zieht bis zwischen die Augen hinunter. In zwei Farbmorphen, grau und braun, auftretend. Altvögel mit kreuzförmig auslaufenden Längsstreifen auf der Unterseite; Jungvögel (Ästlinge) sind überall quergebändert (s. Grafik). Keine Federohren. **Vorkommen:** Gewandter Gebüsch- und Waldjäger. In alten Wäldern, Parks, Friedhöfen und Alleen; bis 1800 m ü.M. – St. **Nahrung:** Jedes Tier von der Größe eines Laufkäfers bis zur Wanderratte und dem Bläßhuhn. Mäuse und Wühlmäuse machen jedoch fast 66% des Speisezettels aus, Vögel etwa 12%. Die Jungen erhalten viele Regenwürmer. **Fortpflanzung:** Brütet in alten Krähen- und Greifvogel-Horsten und in Baumhöhlen. Gelege 2–6 Eier. Brutdauer 28–30 Tage, Nestlingszeit 4–5 Wochen.

Waldohreule
Asio otus

Uhu

Merkmale: Groß und schlank, mit Federohren, gelben bis orangefarbenen Augen und an Rinde erinnerndem, braunem Gefieder. Unterseits kreuzförmige Längsstreifen. Über den Augen je ein längliches helles Dreieck, das schwarz eingerahmt ist. Schnabelansatz unterhalb der Augen. **Verwechslung:** Gut sichtbare Federohren hat auch der Uhu, *Bubo bubo*. Uhus sind gedrungen, kräftig und nahezu adlergroß. Die Federohren setzen direkt über den Augen an, und der dunkel getupfte Scheitel reicht bis an die Augen (s. Grafik). Auch ist der Schnabelansatz höher, und es fehlen die hellen Dreiecke. Die Waldohreule kann ihre Ohren anlegen; sie fehlen während der Brutmauser. **Vorkommen:** Liebt Nadelwälder, vor allem Fichten; daher auch auf Friedhöfen und in Parks. Jagt über freien Flächen: Äckern, Wiesen, Lichtungen. Überwiegend Ansitzjäger. – St. **Nahrung:** 80% ihrer Beute besteht aus Feldmäusen! Rest andere Kleinsäuger, 4% Vögel bis Drosselgröße, Käfer. **Fortpflanzung:** In alten Krähen- und Elsternhorsten. Gelege 3–6 Eier. In mäusearmen Jahren gelegentlich keine Brut. Brutdauer 27–29, Nestlingszeit 20–25 Tage.

Ziegenmelker
Caprimulgus europaeus

Schon vor 2000 Jahren schrieb der römische Schriftsteller Plinius der Ältere dieser Nachtschwalbe zu, die Ziegen zu melken und ihre Milch zu trinken. Dieses alte Märchen gab dem sonderbaren, nachtaktiven Vogel diesen schönen Namen. Tagsüber schläft er unsichtbar auf dem Boden, auf Stubben oder längs auf waagerechten Ästen. Sein »nächtlicher Tag« beginnt etwa bei Sonnenuntergang und endet lange vor Sonnenaufgang. Wie Kolibris kann er bei plötzlicher Kälte für kurze Zeit in eine Art Winterschlaf fallen! **Merkmale:** Selbst erfahrene Vogelkundler sehen ihn tagsüber sehr selten: so täuschend ähnelt sein braun und graues Gefieder trockener Rinde. Starengroß, mit langen, spitzen Flügeln und langem Schwanz. Das ♂ hat an den äußeren zwei Schwanzfedern am Ende einen großen weißen Fleck. Ab Mai hört man in warmen Nächten sein lautes, monotones Schnurren, im Flug oder im Sitzen vorgetragen. **Vorkommen:** Auf trockenen, sonnigen Waldblößen und Heiden. Nach der Roten Liste als »stark gefährdet« eingestuft. – Z; in Südafrika überwinternd. **Nahrung:** Nahezu ausschließlich Nachtschmetterlinge, die im Flug ergriffen und geschluckt werden. **Fortpflanzung:** Gelege von 2 Eiern auf nacktem Boden. Brutdauer 17–18, Nestlingszeit 15–19 Tage. Nicht selten 2 ineinandergeschachtelte Jahresbruten.

Mauersegler
Apus apus

Flugbilder

Wenn wir in unseren Städten sommertags am Himmel das schrille Geschrei der in reißendem Flug dahinjagenden Mauersegler hören, dann haben wir bereits die typische Lebensweise dieses Vogels erkannt. **Merkmale:** Braunschwarzes Gefieder; sichelförmige lange Flügel. Kurze schwache Füße. **Verwechslung:** Schwalben fliegen langsamer, schreien nicht und haben keine sichelförmigen Flügel. **Vorkommen:** Im Luftraum, bei schlechtem Wetter dicht über Boden und Wasser jagend. – Z; in Afrika überwinternd. Die Mauersegler ziehen bald nach dem Flüggewerden ihrer Jungen ab, bei uns normalerweise bereits Anfang August. Spätbrüter und Nordeuropäer ziehen später ab und durch, mitunter noch im September und Oktober. **Nahrung:** Fluginsekten. Fehlen sie, werden auch in der Brutzeit gewaltige Wanderungen unternommen. Die zurückgelassenen Nestlinge können bis zu 9 Tage lang hungern. Auch Mauersegler kennen eine Art Winterschlaf bei Kälte. **Fortpflanzung:** Nest sehr hoch in Kaminen, Gebäuden in Stadt und Land. Gelege 2–3 Eier. Brutdauer 19–21, Nestlingszeit 38–60 Tage je nach Wetter.

Eisvogel

Alcedo atthis

Sturzflug zum Nahrungserwerb

Dieses selten gewordene Kleinod von tropischer Farbenpracht leidet als Standvogel nicht nur unter Eiswintern, sondern auch unter der Unvernunft des Menschen. Viele Brutplätze gehen durch unnötiges Aufräumen und Korrigieren von steilen Bach- und Flußwänden verloren, und der eine oder andere Fischzüchter gönnt diesem herrlichen Vogel noch immer nicht seine unbedeutende Fischmahlzeit. Mit ein wenig Liebe und Nachdenken könnte mancher dem Eisvogel erheblich helfen. **Merkmale:** Als Angehöriger einer tropischen Vogelfamilie leuchtend bunt gefärbt. Oberseits in blaugrünen Schillerfarben, unterseits kastanienbraun. Die kleinen Füße sind korallenrot, der mächtige Dolchschnabel dunkel hornfarben. Ein gedrungener, kurzhalsiger und kurzschwänziger Ansitzjäger, der im Sturzflug (s. Grafik) ins Wasser stößt, um seine Beute zu ergreifen. Ungesellig. **Vorkommen:** An den Oberläufen der Bäche und Flüsse und an Teichen. Im Winter in die Ebene und ans Meer kommend. Nach der Roten Liste als »gefährdet« eingestuft. – St und TZ. **Nahrung:** Fische, Wasserinsekten, Egel, Wasserschnecken und kleine Lurche. Fischt nur in klarem Wasser. Benötigt mindestens 1 km Fluß- oder Bachlauf als Nahrungsrevier. **Fortpflanzung:** Gräbt sich selbst lange Niströhren in Steilwände mit festem Erdreich am Ufer, selten weiter entfernt. Gelege 6–7 Eier. Brutdauer 19–21, Nestlingszeit 23–27 Tage. 1–3 Jahresbruten.

Wendehals

Jynx torquilla

Ein eigenartiger Specht mit eulenweichem Federkleid. Seine klebrige Zunge ist ohne Widerhaken. Den Namen hat der Wendehals von seinen pendelnden Kopfbewegungen, die er als Drohgebärde, beim Sichern und in der Balz zeigt. **Merkmale:** Ein finkengroßer, wie Baumrinde aussehender Specht. Unterseite heller und eng graubraun quergebändert. Zarter Schnabel, aber kräftige Füße. Charakteristische, weithin schallende Rufreihen. **Vorkommen:** In Wäldern, Gehölzen, Parks und Gärten. Liebt Wärme und Licht. Nach der Roten Liste als »stark gefährdet« eingestuft. – Z; überwintert im tropischen Afrika nördlich des Äquators. **Nahrung:** Fast ausschließlich Ameisen, die er am Boden und in ihren Erdbauten findet. **Fortpflanzung:** Unser einziger Specht, der keine Höhle zimmert. Er sucht sich eine Höhle und vertreibt eventuelle Bewohner rücksichtslos. Nimmt gerne Nistkästen an. Gelege meist 7–11 Eier. Brutdauer 12–14, Nestlingszeit 19–24 Tage. Im Süden oft 2 Jahresbruten.

Buntspecht

Dendrocopus major

(Foto oben links: ♂)

Flugbild Weibchen

Von unseren 5 mitteleuropäischen schwarz-weißen Buntspechtarten die häufigste und verbreitetste. Der Weißrückenspecht, *Dendrocopus leucotos*, brütet in den Alpen (600–1300 m) und im Böhmerwald, der kleinasiatische Blutspecht, *Dendrocopus syriacus*, drang bisher bis Ost-Österreich und die Slowakei vor. – Spechte sind im Körperbau hervorragend an die ihnen eigentümliche Lebensweise angepaßt: Körperschwerpunkt, Stützschwanz und Krallen ermöglichen das Klettern an senkrechten Wänden; Schnabel und stoßgedämpfter Schädel machen das Holzhacken für Höhlenbau und Nahrungssuche möglich; die extrem lange Zunge ist eine klebrige Harpune und ermöglicht das Hervorholen von Raupen, Puppen und Insekteneiern aus Löchern und Spalten. **Merkmale:** Scheitel schwarz, beim ♂ (Foto oben links) rotes Hinterhauptband. Backen mit schwarzem Mittelsteg. Sattrote Unterschwanzdecken. Weiße Flügelschilde länger als beim Mittelspecht. Junge: roter Scheitel schwarz umrandet. **Vorkommen:** Wälder, Parks, Gärten. – St, IV. **Nahrung:** Kerbtiere, Beeren, Jungvögel. **Fortpflanzung:** 4–8 Eier. Brutdauer 10–11, Nestlingszeit 20–24 Tage.

Mittelspecht

Dendrocopus medius

(Foto oben rechts)

Merkmale: Randloser Scheitel rot, beim ♀ mit goldenem Hinterrand. Weiße Backen ohne Mittelsteg. Blaßrote Unterschwanzdecken. Weiße Flügelschilde kürzer als beim Buntspecht. Fast gleich groß wie dieser. Jungvögel blasseres Scheitelrot. **Vorkommen:** Nur Laubwald in Ebenen unter 500 m Höhe. Nach der Roten Liste als »gefährdet« eingestuft. **Nahrung:** Bevorzugt Käfer, Ameisen; im Winter Samen. **Fortpflanzung:** Meist 5–6 Eier. Brutdauer 11–12, Nestlingszeit 20–23 Tage.

Kleinspecht

Dendrocopus minor

(Foto unten links: ♂,
Foto unten rechts: ♀)

Flugbild Männchen

Unser kleinster Buntspecht. **Merkmale:** Spatzengroß. Oberseite schwarz-weiß quergebändert. ♂ (Foto unten links) mit schwarz eingefaßtem rotem Scheitel; ♀ (Foto unten rechts) mit weißlichem Vorder-, schwarzem Hinterscheitel, kein Rot. Backen ohne Steg. Junge: ♂ Stirn grau, Vorderscheitel rot bis braun(rot), mitunter schwer erkennbar; ♀ Vorderscheitel gräulich lederfarben, mitunter rotspitzig. **Vorkommen:** Lichte, feuchte Laub- und Mischwälder, Parklandschaften. **Nahrung:** Blattläuse, Ameisen, Käfer bevorzugend. **Fortpflanzung:** Meist 4–6 Eier. Brutdauer 11–12 Tage, Nestlingszeit 18–23 Tage.

Grauspecht
Picus canus

(Foto oben links: ♂,
Foto oben rechts: ♀)

Zwei äußerlich ähnliche grüne Erdspechte sind Grauspecht und der anschließend behandelte Grünspecht. Sie sind jedoch in der Stimme und im Verhalten deutlich verschieden. **Merkmale:** Kopf und Scheitel grau, beim ♂ Stirn rot. Schmaler, schwarzer Backenstreif. Am Auge nur schnabelwärts ein schwarzer Strich. Junge sind brauner, oberseits ungefleckt; Bauch und Flanken gebändert; das Rot des ♂ noch teilweise durch graue Federspitzen verdeckt. Trommelt gerne, ist sehr ruffreudig. **Verwechslung:** Leicht möglich mit Grünspecht. **Vorkommen:** Laubwälder, Parklandschaften der Mittelgebirge. – St. **Nahrung:** Ameisen überwiegen; ferner Früchte, Samen und andere Insekten. **Fortpflanzung:** 7–9 Eier. Brutdauer 15–17, Nestlingszeit 24–25 Tage.

Grünspecht
Picus viridis

(Foto unten links: ♂)

Jungvogel

Merkmale: Ganzer Scheitel, beim ♂ auch Nacken deutlich rot; die Augen schwarz umrändert; der breite, ausgeprägte Backenbart beim ♀ schwarz, beim ♂ rot mit schwarzer Fassung. Junge oberseits hell gefleckt, unterseits braun quergewellt (s. Grafik). Trommelt ausnahmsweise, singt nur im Frühjahr. **Verwechslung:** Leicht möglich mit Grauspecht. **Vorkommen:** Laubwälder, Parklandschaften, Gärten; in den Alpen Nadelwälder mit Bergahornen. Nach der Roten Liste als »gefährdet« eingestuft. – St. **Nahrung:** Fast nur Ameisen, die am Boden und in ihren Erdbauten erbeutet werden. **Fortpflanzung:** Meist 5–8 Eier. Brutdauer 14–17, Nestlingszeit 23–27 Tage.

Schwarzspecht
Dryocopus martius

(Foto unten rechts: ♂)

Merkmale: Unser größter Specht, von der Größe einer Krähe. Tiefschwarz, mit hell hornfarbenem Schnabel. ♂ mit rotem Scheitel, ♀ nur mit rotem Hinterhauptsfleck. Auge hellgelb. Junge stumpf braunschwarz. Charakteristische, weit hallende Rufe. Trommelt. **Vorkommen:** Große Wälder mit hohen Bäumen. Hat große Reviere von 400 bis 800 ha. Dem wehrhaften Vogel sind nur Habicht und Edelmarder Feinde. – St. **Nahrung:** Holzbewohnende Insekten, Ameisen; Samen von Nadelhölzern. **Fortpflanzung:** Gelege 3–6 Eier. Brutdauer 12–14, Nestlingszeit 24–28 Tage.

Feldlerche
Alauda arvensis

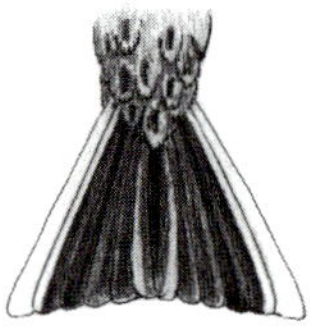

Schwanzoberseite

Lerchen sind braune Bodenvögel, die ihren herrlichen Gesang in der Luft im Fliegen vortragen. Von den drei in Mitteleuropa brütenden Lerchen ist nur die Feldlerche häufig und überall verbreitet. **Merkmale:** Wie alle unsere Lerchen oberseits dunkelbraun gestreift und unterseits grauweiß. Kehle mit braunen Längsstreifen. Artkennzeichnend sind die weißen Außenfedern des Schwanzes (s. Grafik). **Verwechslung:** Mit der Haubenlerche (s.u.) und der Heidelerche, *Lullula arborea;* beide aber ohne weiße Schwanzfedern und in anderer Landschaft. Mit Piepern (s. S.60). **Vorkommen:** Charaktervogel der Kultursteppe, am häufigsten in Getreidefeldern, Wiesen und Marschen. Durch übermäßige und oft auch unnötige Beize des Saatgutes und achtlose Schädlingsbekämpfung bedroht. – TZ; in schneearmen Lagen Nord- und Westdeutschlands überwintern vor allem ♂. **Nahrung:** Samen aller Art, Insekten, Spinnen, Würmer, Grünes. All das wird vom Boden aufgenommen. **Fortpflanzung:** Bodennest mit 3–5 Eiern; 2–3 Jahresbruten. Brutdauer 11–14, Nestlingszeit 9–10 Tage, doch erst mit 3 Wochen flugfähig.

Haubenlerche
Galerida cristata

Schwanzoberseite

Unsere Stadt- und Gartenlerche. **Merkmale:** Gedrungener als Feldlerche, von tiefer Haltung durch aufgeplustertes Bauchgefieder und angewinkelte Beine. Schwanz kürzer, anders gefärbt als bei der Feldlerche: innen graubraun, dann schwarz, die beiden äußeren Federn mit rostfarbener Außenfahne (s. Grafik). **Verwechslung:** Mit der Feldlerche (s.o.), doch deren Schwanz mit weißen Außenfedern und nicht kontrastreich gefärbt (s. Grafik). Mit Piepern (s. S.60). **Vorkommen:** Auf trockenen, vegetationsarmen Böden in Stadt, Dorf und Land, auf Ödland. – St., der bei Kälte und Schnee sich in den Orten konzentriert. Läßt den Menschen sehr nahe an sich herankommen, z.B. auf Autobahnparkplätzen. Die Haubenlerche gilt nach der Roten Liste heute als »gefährdet«. **Nahrung:** Von Frühjahr bis Herbst neben Unkraut-, Grassamen und Getreidekörnern auch ein gutes Viertel tierische Nahrung: Regenwürmer, Käfer, Raupen. Etwas Grün. **Fortpflanzung:** Verdecktes Bodennest mit 3–5 Eiern; meist 2 Jahresbruten. Brutdauer 12–14, Nestlingszeit 9–14 Tage; mit 3 Wochen normalerweise selbständig.

Rauchschwalbe

Hirundo rustica

Flugbild

Es gibt wohl niemand, der unsere Rauchschwalbe nicht schon gesehen und ihr beim Füttern ihrer stets hungrigen Jungen zugeschaut hat. Sie hat sich ganz dem Menschen auf Gedeih und Verderb angeschlossen und brütet in Ställen, Dielen und Werkräumen. Auch bei der modernen Viehhaltung sollte man sie nicht ganz vergessen und ihr ein Fensterchen Tag und Nacht offenlassen! Wenn man dazu noch eine feste Unterlage für ihr Nest unter der Decke anbringt, hat man ihr wirklich geholfen; denn ihr Bestand ist in den letzten Jahren besorgniserregend zurückgegangen. **Merkmale:** Oberseite glänzend stahlblau, auch das Kropfband; Stirn und Kehle ziegelrot, Unterseite rahmfarben. Gabelschwanz mit zwei langen Spießen (s. Grafik), bei Jungen kürzer. Zwitschert auf Freileitungen. **Vorkommen:** Im Flug jagend über Straßen, Häusern und jeglicher Landschaft, gern über Wasser. – Z; überwintert im tropischen Westafrika und im Kongobecken. **Nahrung:** Fluginsekten im Flug erbeutend. **Fortpflanzung:** Napfförmiges Nest mit 3–6 Eiern; 2 Jahresbruten häufig. Brutdauer 12–18, Nestlingszeit 18–23 Tage.

Mehlschwalbe

Delichon urbica

Flugbild

In unseren Dörfern und Kleinstädten stehen ihre runden Kugelnester unter den überstehenden Dächern der Häuser, Bahnhöfe und Stallungen. Da sie ohne weiteres künstliche Nester annimmt, sollten wir ihr solche an glattwandigen Neubauten anbringen. Ihr Bestand ist ebenso wie der der Rauchschwalbe bedroht. Manche Leute scheuen den Schmutz; doch, ist er nicht unbedeutend verglichen mit der Freude, den uns die lebhaften und hübschen Vögel geben? **Merkmale:** Breiter, weißer Bürzel in metallisch schwarzblauer Oberseite, Flügel schwarzbraun, Unterseite schneeweiß. Brauner Schwanz kurz, nur schwach gegabelt (s. Grafik). Junge oberseits brauner. **Vorkommen:** In Städten und Dörfern, in den Alpen auch an Felsen. Luftjäger; jagt gewöhnlich in höheren Luftschichten als die Rauchschwalbe. – Z; überwintert in Afrika südlich der Sahara. **Nahrung:** Fliegende Insekten. **Fortpflanzung:** Kugelrundes Nest mit kleiner Öffnung am oberen Rand; meist 3–5 Eier; 1–2 Jahresbruten, sehr witterungsabhängig. Brutdauer 13–22, Nestlingszeit 24–30 Tage; Werte sehr wetterabhängig.

Uferschwalbe
Riparia riparia

Flugbild

Merkmale: Eine braune Schwalbe mit weißer Unterseite. Braunes Brustband. Schwanz kurz und kaum gegabelt (s. Grafik). Jungvogel oberseits mit hellen Federsäumen, Kehle bräunlich. **Verwechslung:** Wegen des Brustbandes mit Rauchschwalben, doch sind diese düsterer und bunter und haben Schwanzspieße. **Vorkommen:** An allen Steilwänden aus Erde, Sand oder Lehm. Graben dort in die weiche, oberste Erdschicht ihre Nisthöhlen. Selten über 750 m ü.M. brütend. Jagt gerne über Wasser, Sümpfen und Wiesen, doch ist sie auch über anderen offenen Landschaften anzutreffen. Nach der Roten Liste als »gefährdet« eingestuft. – Z; überwintert in Ost- und Südafrika. **Nahrung:** Kleine Insekten, die sie im Flug jagt. **Fortpflanzung:** Nest am Ende einer 60–65 cm langen, selbstgegrabenen Erdröhre. Gelege 4–7 Eier. Brutdauer 14–20, Nestlingszeit 16–24 Tage. Häufig 2 Jahresbruten. Brutdaten stark wetterabhängig.

Bachstelze
Motacilla alba

Weibchen im Ruhekleid

Zu der Familie der lebhaften Stelzen gehören auch die Pieper (s.S.60). Es sind langbeinige, schlanke Bodenvögel, die gut laufen und rennen, nicht aber hüpfen können. Außerhalb der Brutzeit gesellige Vögel. Stelzen wippen mit den langen Schwänzen. **Merkmale:** Häufigste Stelze. Wohnt zugleich in unmittelbarer Nähe des Menschen. Im Brutkleid mit schwarzer Brust, Kehle und Hinterhaupt. Rücken grau; Stirn, Backen und Unterseite weiß. Ruhekleid: Kehle weiß, Brust nur mit schmalem, schwarzem Band; Kopfplatte grau (s. Grafik), beim ♂ schwarz durchsetzt. Junge verwaschen grau (braun), mit braunschwarzem Brustband. **Verwechslung:** Junge mit jungen Schafstelzen, die jedoch entweder ganz hellgrau und weiß sind, oder oberseits gelbbräunlich sind und ein Triangel-Seitenhalsband zeigen. **Vorkommen:** In der offenen Kulturlandschaft überall, wo es feucht oder wo Wasser in der Nähe ist. Gerne in der Nähe von Gebäuden, in deren Mauerwerk sie in Löchern brütet. Auf frisch gepflügten Äckern. – Z; einige überwintern im wärmeren Westen unseres Verbreitungsgebietes. **Nahrung:** Insekten, Spinnen, Würmer und Schnecken, die vom Boden aufgenommen bzw. in der Luft geschnappt werden. **Fortpflanzung:** Nest steht 50 cm–3 m hoch in Höhlen von Gebäuden, Dämmen, knorrigen Bäumen und unter Brücken. Gelege meist 5–6 Eier. Brutdauer 12–14, Nestlingszeit 13–15 Tage. 2 Jahresbruten.

Schafstelze
Motacilla flava

Männchen der Rasse *thunbergi*

Merkmale: Es gibt zwei gelbe Stelzen in Mitteleuropa, die Schafstelze und die Gebirgsstelze. Von der Schafstelze gibt es zudem mehrere Rassen, von denen wir die ♂ im Brutkleid an ihrer Kopffärbung und -zeichnung unterscheiden können. Unsere sind zu 95% grauscheitelig, mit schmalem, weißem Überaugenstreif. Die nordischen *thunbergi*-♂, die im späten Frühjahr gut 1 Monat nach den einheimischen durchziehen, mit schiefergrauem Oberkopf, schwarzer Wange und Ohren (s. Grafik). Wichtigstes und erstes Unterscheidungsmerkmal ist aber die Rückenfarbe: Schafstelzen haben olivgrüne, Gebirgsstelzen graue Rücken. Hier muß man zuerst hinschauen! Erst danach beginnt die Feinarbeit. Bei erwachsenen Schafstelzen ist die <u>ganze</u> Unterseite leuchtend gelb (Gebirgsstelze s. u.). Junge Schafstelzen entweder oberseits graubraun und nicht leicht von jungen Bachstelzen zu unterscheiden, doch Unterbauch, Unterschwanzdecken sind gelblich getönt, nicht weiß, oder oben hellgrau und unten weiß (s. S. 56). Rufe weich klingend: »psüib«. **Vorkommen:** Flachlandvogel in Wiesen, offener Ackerlandschaft, feuchter Heide, auf Kiesflächen. Nach der Roten Liste als »gefährdet« eingestuft. – Z; überwintert in Westafrika vom Senegal bis Togo. **Nahrung:** Jegliches Kleingetier und fliegende Insekten, die in kurzen Jagdflügen gefangen bzw. am Boden gesucht werden. **Fortpflanzung:** Muldennest im Boden auf ebener Fläche; Gelege 5–6 Eier. Brutdauer 12–14, Nestlingszeit 12–13 Tage. 2 Jahresbruten möglich.

Gebirgsstelze
Motacilla cinerea

Jungvogel

Merkmale: Eine gelbe, sehr langschwänzige Stelze mit <u>grauem</u>, nicht mit olivgrünem Rücken (vgl. Schafstelze). ♂ im Brutkleid mit schwarzer Kehle (s. Foto), ♀ sowie beide im Ruhekleid mit weißlicher Kehle, ♀ dann mit bräunlicher Vorderbrust. Das Gelb der Unterseite ist beim ♀ zudem blasser und bei einigen sogar auf die Unterschwanzdecken beschränkt. Junge oberseits rein grau, unterseits weißgrau, schmales, flockiges Brustband (s. Grafik), mit gelben Unterschwanzdecken. Rufe metallisch, härter klingend: »zisit«. **Verwechslung:** Mit der Schafstelze (s. o.). **Vorkommen:** Lebt paarweise an flachen, rasch fließenden, schattigen Gewässern in Wäldern und Schluchten. – TZ. **Nahrung:** Kleingetier des offenen Ufersaums. Fliegende Insekten am und über dem Wasser. **Fortpflanzung:** Nest in einer Höhlung nahe des Wassers; mit meist 4–6 Eiern. Brutdauer 11–14, Nestlingszeit 12–16 Tage. 2 Jahresbruten.

Baumpieper

Anthus trivialis

Singflug

Pieper sind schwer bestimmbare braune Stelzen. Es sind typische Bodenbewohner, dazu leicht mit Lerchen zu verwechseln. Der Fachmann bestimmt die in Mitteleuropa brütenden (4), durchziehenden bzw. überwinternden (2–3) Arten am liebsten nach Stimme und Gesang. **Merkmale:.** Ein Pieper, der Waldränder und baumbestandene Wege bewohnt und von den Baumspitzen aus einen flatternden Singflug zum Boden vollführt (s. Grafik). **Verwechslung:** Mit dem Wiesenpieper, dessen Singflug jedoch am Boden beginnt und der andere Rufe hat. Der auf Ödland und sandigen Böden wohnende Brachpieper, *Anthus campestris*, ist blasser und ohne braune Streifung an Brust und Flanken. Er ist zudem hochbeinig und steht betont aufrecht. **Vorkommen:** Waldränder, Baumreihen, Lichtungen; trockenes Gelände. – Z; überwintert im tropischen Westafrika. **Nahrung:** Kleine Bodentiere, die er aufliest; jagt geschickt in Bäumen und manchmal auch im Flug auf Spinnen und Insekten. **Fortpflanzung:** In einer Vertiefung gut verstecktes Bodennest mit 5–6 Eiern. Brutdauer 12–14, Nestlingsdauer 12–14 Tage. 2 Jahresbruten möglich.

Wiesenpieper

Anthus pratensis

Merkmale: Ein Pieper des feuchten Geländes, der hohe Bäume meidet. Trägt seinen plätschernden Gesang im Singflug vor, den er vom Boden aus beginnt. **Verwechslung:** mit anderen Piepern, insbesondere mit Baumpiepern. Dem Wiesenpieper fehlt aber der warmgelbliche Unterton von Kehle, Halsseiten und Brust. Seine Hinterkralle ist extrem lang. Auf Bergwiesen mit dem Wasserpieper, *Anthus spinoletta,* sowie im Winter/Zugzeiten an Flüssen und Küsten des Tieflandes mit seinem Verwandten, dem Strandpieper, *Anthus petrosus*. Beide aber haben dunkle statt helle Beine und einen prominenten weißen Überaugenstreif, dessen hinteres Ende nach oben schwingt. Rufe nahezu gleich. **Vorkommen:** Feuchte, offene Landschaften wie Wiesen, Sümpfe, Moore, Heiden, Brach- und Ödland. Im Winter auch viel auf Feldern, an Wasser und Meeresküste. Nach der Roten Liste als »gefährdet« eingestuft. – TZ. **Nahrung:** Insekten, Spinnen und etwas Sämereien, die er vom Boden aufnimmt. Von November bis April zusätzlich Schnekken. **Fortpflanzung:** Gedecktes Bodennest mit meist 4–6 Eiern. Brutdauer 12–15, Nestlingszeit 11–14 Tage. 2 Jahresbruten.

Neuntöter
Lanius collurio

(Foto oben links: ♀, Foto oben rechts: ♂)

Würger sind mittelgroße Singvögel mit dem Verhalten eines Falken. Sie rütteln auch gerne. Es sind geduldige Ansitz-, aber auch geschickte Flugjäger; sie sind lebhaft und laut. Hakenschnäbel. Vorräte an Nahrung können auf Dornen, Drahtspitzen und in Astgabeln aufgespießt werden. In Mitteleuropa 4 brütende Arten. Gefährdet und schutzbedürftig! **Merkmale:** Der Neuntöter ist unser kleinster Würger. Beim ♂ sind Rücken, Flügeldecken rotbraun, Kopf, Nacken Bürzel blaugrau, Unterseite cremefarben. ♀ oberseits braun, Rücken rostbraun; unterseits cremefarben, mit feiner Halbmondzeichnung an Brust und Flanken; Überaugenstreif weiß. Die weibchenfarbenen Jungen sind stärker und auch oberseits gebändert. **Verwechslung:** Jungvögel sehr schwer von jungen Rotkopfwürgern, *Lanius senator,* zu unterscheiden. Diese jedoch hellbraun, ohne Rottöne, Bürzel weißlich. **Vorkommen:** In trockener, offener Buschlandschaft, an Waldrändern, Bahndämmen, Schonungen. Liebt Dornenhecken. Nach der Roten Liste als »gefährdet« eingestuft. – Z; überwintert in Ost- und Südafrika. **Nahrung:** Größere Insekten, auch im Flug gefangen, machen ca. 87% seines Speisezettels aus. Auch Frösche, Kleinvögel, Mäuse. **Fortpflanzung:** Heckenbrüter. Nest mit 4–6 Eiern. Brutdauer 14–16, Nestlingszeit 12–16 Tage.

Raubwürger
Lanius excubitor

Jungvogel

Merkmale: Unser größter Würger. Schwarz und grau mit weißer Unterseite. Stirn grau, die schwarze Gesichtsmaske oben von schmaler, weißer Linie begrenzt. Junge graubraun mit braun gewellter Unterseite (s. Grafik). Beide Geschlechter singen. **Verwechslung:** Mit dem seltenen, bei uns nur noch im wärmeren Burgenland und im Elsaß brütenden Schwarzstirnwürger, *Lanius minor*. Dieser hat jedoch eine schwarze Stirn, keine weiße Linie über der schwarzen Gesichtsmaske, und die weiße Unterseite zeigt einen rötlichen Anflug. **Vorkommen:** Offene Kulturlandschaft mit wenig Bäumen und unversiegelten Feldwegen, Hochmoore; aber auch große Waldlichtungen. Nach der Roten Liste als »vom Aussterben bedroht« eingestuft. – JZ. **Nahrung:** Kleine Wirbeltiere, vor allem Wühlmäuse, und dazu viele Insekten. Vögel bis Lerchengröße als Ersatznahrung vor allem in schneereichen Wintern. **Fortpflanzung:** In Dauerehe lebender Baumbrüter. Gelege meist 4–7 Eier. Brutdauer 17–18, Nestlingszeit 19–20 Tage.

Wasseramsel
Cinclus cinclus

Jungvogel

Zu einer kleinen, aber sehr spezialisierten Familie gehörend, deren nächste Verwandte die Drosseln und Stare sind. Die Brutpaare leben ganzjährig in ihren Revieren zusammen und weichen nur bei Vereisung. Sie können hervorragend schwimmen und tauchen und leben an und im Wasser. **Merkmale:** Ein dicker Vogel mit der rundlichen Gestalt eines Zaunkönigs, jedoch größer. Knickst ständig. Der schneeweiße Latz scharf vom schwärzlichen Gefieder des übrigen Körpers getrennt, mitunter durch einen rostroten Streifen. Junge oberseits schiefergrau mit weißgesäumten Flügeldecken, unterseits auf weißgrauem Grund gefleckt (s. Grafik). Der Schwanz wird oft hochgestellt. Singt ganzjährig. **Vorkommen:** An klaren Bächen und Flüßchen mit steinigem Grund. Daher ein Mittelgebirgs- und Gebirgsvogel. Vorsichtig und scheu. Auf rund 1 km Bachlauf kommt ein Paar. Nach der Roten Liste als »gefährdet« eingestuft. – St. **Nahrung:** Wasserinsekten, Schnecken, Krebstiere, Kaulquappen, Würmer. Fängt vom Ansitz durch Stoßtauchen, durch Laufen am Gewässergrund, aus der Luft. Sammelt den Ufersaum ab. **Fortpflanzung:** Das große, warme Kugelnest mit kleinem Einschlupf steht zwischen Wurzeln an Steilhängen, an Wehren, Mühlen, unter Brücken und Wasserfällen. Gelege 4–6 Eier. Brutdauer 16–18, Nestlingszeit 19–25 Tage. 1–2 Jahresbruten.

Zaunkönig
Troglodytes troglodytes

Ein Vertreter einer Familie kleiner, brauner Bodenschlüpfer mit erstaunlich lautem Gesang, einer eigentlich amerikanischen Familie, die mit nur einer Art die Alte Welt besiedelt hat. Am nächsten mit Baumläufern und Kleibern verwandt. **Merkmale:** Ein winziger, runder, lebhafter dunkelbrauner Vogel mit hochgestelltem Stummelschwanz. Flügel und Schwanz quergebändert. Sein kräftiger Gesang ist der lauteste von all unseren Singvögeln. Warnt viel und laut. **Vorkommen:** Unterholz und Dickichte in Wäldern, Parks und Gärten. Es muß schattig und feucht sein. – St. **Nahrung:** Insekten, Spinnen, wenig Beeren. **Fortpflanzung:** Baut warmes Kugelnest, in dem er auch im Winter schläft. Das ♂ hat oft mehrere ♀. Das Nest steht hervorragend versteckt zwischen Wurzeln am Boden, in Reisighaufen, Stapelholz, Mauern. Gelege 5–7 Eier. Brutdauer 14–20, Nestlingszeit 15–20 Tage. 2 Jahresbruten, oft verschachtelt.

Teichrohrsänger
Acrocephalus scirpaceus

Drosselrohrsänger

Rohrsänger sind oberseits dunkelbraune, unterseits helle Vögel, die offen in dichter Rohr-, Gras- oder Buschvegetation leben und gute Kletterer sind. Ihre Unterscheidung gelingt leicht anhand ihrer ausgeprägten Gesänge, schwer oder gar nicht beim Beobachten. Von den 6 in Mitteleuropa brütenden Rohrsänger-Arten sind nur 4 (Drossel-, Teich-, Sumpf- und Schilfrohrsänger) allgemein verbreitet und häufig. **Merkmal:** Oberseits ungestreift dunkelbraun, unterseits gelblichweiß. Überaugenstreif rahmfarben. Knarrende Stimme. **Verwechslung:** Leicht mit Drosselrohrsänger, *Acrocephalus arundinaceus*. Dieser ist jedoch größer, sein Schnabel ist länger und stärker, sein Knarren viel lauter. Er hat zudem einen auffallenden Überaugenstreif (s. Grafik). **Vorkommen:** Im Schilf, zusätzlich in Weidengebüsch am Ufer. – Z; überwintert im tropischen Afrika. **Nahrung:** Kleine bis kleinste Insekten. **Fortpflanzung:** Hängenest an Schilfhalmen. Gelege 3–5 Eier. Brutdauer 11–14, Nestlingszeit 11–14 Tage. 2 Jahresbruten üblich. – Bekannter Kuckuckswirt.

Sumpfrohrsänger
Acrocephalus palustris

Ein Rohrsänger, der nicht im Rohr und Schilf wohnt, sondern in feuchter Unkrautwildnis, feuchtem Buschwerk und neuerdings auch in Getreidefeldern. Es ist unser häufigster Rohrsänger. **Merkmale:** Da er in Gestalt und Färbung Teich- und Drosselrohrsänger sehr ähnelt, entscheidet der Gesang und die Umgebung, in der wir ihn antreffen. Sein reicher, flüssiger Gesang ist sehr wechselvoll und mit Nachahmungen anderer Vogelgesänge gespickt. Singt auch nachts. **Verwechslung:** Mit anderen Rohrsängern; für Ungeübte auch mit der »kennzeichenlosen«, oberseits braungrauen Gartengrasmücke (s. S. 70). Diese wie alle unsere Grasmücken jedoch ohne Überaugenstreif. Der Gesang ist mit dem des Gelbspötters (s. S. 68) zu verwechseln. **Vorkommen:** Feuchte Unkraut- und Staudendickichte, Knicks, Felder mit hochwüchsigen Kulturpflanzen, mitunter auch in Gärten. – Z; zieht über Zypern nach dem ost- und südafrikanischen Winterquartier. **Nahrung:** Insekten; im Herbst viele Beeren. **Fortpflanzung:** Hängenest an Halmen oder Stengeln; Gelege meist 4–5 Eier. Brutdauer 12–14, Nestlingszeit 10–14 Tage.

Heckenbraunelle
Prunella modularis

Heckenbraunelle
frisch gemausert

Haussperling
Weibchen

Ein versteckt lebender, schlanker Insektenfresser, der ähnlich wie ein Spatz gefärbt ist. **Merkmale:** Rücken, Flügel und Ohren rostbraun, gestreift. Brust, Unterseite und Kopf grau. Im frischen Gefieder auch Kopfplatte und Nacken gestreift (s. Grafik). Eine schmale, helle Flügelbinde. Augen hell rotbraun, dünner Schnabel. Jungvögel dunkler, Unterseite und Scheitel dunkelbraun gestreift, Augen graubraun. **Verwechslung:** Mit dem Haussperling (♀, s. Grafik), der aber einen dicken Körnerfresserschnabel hat und dunkelbraune Augen. Mit Grasmücken, die aber ungestreift sind. **Vorkommen:** Unterholzreiche Wälder, Hecken, verwilderte Gärten und Anlagen. Liebt Schatten. Kommt gerne im Winter ans Futterbrett und an ausgestreute Abfälle. – TZ. **Nahrung:** Wird am Boden und in Bodennähe gesucht. Im Herbst und Winter überwiegend Sämereien, im Frühling und Sommer Insekten, Spinnen und Schnecken. **Fortpflanzung:** Nest meist niedrig in Fichten oder in dichten Büschen; Gelege 4–6 Eier. Brutdauer 12–14, Nestlingszeit 11–15 Tage. 2 Jahresbruten; überaus komplizierte Eheverhältnisse.

Gelbspötter
Hippolais icterina

Spötter sind den Rohrsängern verwandt. Der Gelbspötter bekam seinen Namen, weil er in seinen melodischen Gesang viele Vogelstimmen und Gesänge anderer Arten einbaut. **Merkmale:** Oberseits grünlichgrau bis olivgrün, mit gelblichem »Gesicht« und Augenring. Ohne Weiß im Schwanz. Mehr oder weniger gelbe Unterseite; blaugraue Beine. **Verwechslung:** Mit dem jetzt in Südwestdeutschland einwandernden Orpheusspötter, *Hippolais polyglotta*, aber dessen Flügel kürzer als der Schwanzansatz, beim Gelbspötter deutlich länger. Beine meist braungrau, selten blaugrau. Mit den kleineren Laubsängern (s. S. 72–75). Der Zilpzalp hat jedoch dunkle Beine und eine grauweiße Unterseite. Die anderen Laubsänger haben hell hornfarbene Beine; außerdem ist bei allen Laubsängern der Gesang völlig anders. Der Gesang ist mit dem des ebenfalls fremde Gesänge nachahmenden Sumpfrohrsängers zu verwechseln. **Vorkommen:** In Parks, Gärten, unterholzreichen Laub- und Mischwäldern. Bevorzugt die obere Hälfte der Bäume und Hecken. – Z; überwintert in Afrika südlich der Sahara. **Nahrung:** Kleine Insekten, die im grünen Laub gejagt werden. Im Herbst auch Beeren. **Fortpflanzung:** Nest in Laubbäumen und Hecken; Gelege 4–5 Eier. Brutdauer 12–14, Nestlingszeit 13–14 Tage.

Garten-grasmücke
Sylvia borin

Die Grasmücken sind unsere häufigsten Sänger. Ihr Name ist alt und hieß ursprünglich Gra-smiege, was die beiden Haupteigenschaften trefflich umreißt: graue, sich durch das Gebüsch schmiegende, schlüpfende Vögelchen. Es sind gute Sänger. **Merkmale:** Unser einziger Vogel ohne besondere Kennzeichen! Oberseits einfarbig braunoliv-grau, unterseits heller. Auge braun; schmaler, heller Augenring. Kein Weiß im Schwanz, kurzschwänzig. In Deckung bleibend. **Verwechslung:** Eigentlich mit keiner anderen Art, doch ist die Bestimmung durch das Fehlen besonderer Kennzeichen erschwert. Gesang unverwechselbar. **Vorkommen:** Unterholzreiche, schattige Laub- und Mischwälder, Schonungen, Parks, Gärten. – Z; im tropischen West- und Mittelafrika überwinternd. **Nahrung:** Weichhäutige Insekten und Früchte in Büschen und Bäumen. **Fortpflanzung:** Nest meist 0,5–2 m hoch in dichtem Buschwerk und Fichtenschonungen; Gelege meist 3–5 Eier. Brutdauer 12–14, Nestlingszeit 10–12 Tage. 2 Jahresbruten möglich. Beliebter Kuckuckswirt.

Mönchs-grasmücke
Sylvia atricapilla

Einer unserer beliebtesten Sänger. **Merkmale:** Sehr versteckt lebende, oberseits grauolivfarbene, unterseits graue Grasmücke mit charakteristisch gefärbter Kopfplatte: ♂ schwarz (Foto unten), ♀ und Junge braun. Daher ihr Name. Kein Weiß im Schwanz, langschwänzig. Der melodische Gesang endet mit einem vollen, flötenden »Überschlag«. **Vorkommen:** Wie die Gartengrasmücke in unterholzreichen schattigen Wäldern, Schonungen, Gärten und Parks. – Z; überwintert im Mittelmeerraum, im tropischen Afrika und seit gut einem Jahrzehnt zunehmend im klimatisch begünstigten Westeuropa. **Nahrung:** Insekten und andere Kerbtiere sowie Früchte in dichtem Gebüsch und Laubwerk. **Fortpflanzung:** Kleines Nest, das in Büschen, Fichtenschonungen und in Stammausschlägen der Laubbäume steht; Gelege meist 4–5 Eier. Brutdauer 12–14, Nestlingszeit 10–14 Tage. 2 Jahresbruten.

Dorngrasmücke

Sylvia communis

(Foto oben links: ♂)

Die dramatische Abnahme der einst häufigen Dorngrasmücke von 1968 auf 1969 hatte zur Ursache: die Verschiebung der Sahel-Zone in Afrika nach Süden, dadurch geschwächte Rückkehrer (Tod durch Pestizidbelastung) und Vernichtung der Hecken, Feldraine. Seither keine wirklichen Zunahmen. **Merkmale:** Oberseits graue, unterseits hellgraue, kleine Grasmücke mit weißer Kehle. Schwer von Klappergrasmücke zu unterscheiden (s. u.), aber Dorngrasmücke mit sattbraunen Flügeln und hellbraunen Beinen, ♀ auch mit braunem Kopf. Beide waagerechte Haltung, lebhaftes Wesen. **Verwechslung:** Neben Klappergrasmücke mit anderen einheimischen Grasmücken, doch diese ohne weiße Außenschwanzfedern. **Vorkommen:** Hecken; freie Kulturlandschaft. – Z; überwintert in der Sahelzone. **Nahrung:** Insekten und Spinnen werden in Büschen, am Boden und in der Luft gefangen; Beeren. **Fortpflanzung:** Nester in Dornbüschen und Hecken; Gelege 4–6 Eier. Brutdauer 11–13, Nestlingszeit 12 Tage. 2 Jahresbruten.

Klappergrasmücke

Sylvia curruca

(Foto oben rechts)

Merkmale: Sehr ähnlich Dorngrasmücke, aber Klappergrasmücke mit schwarzen Backen und dunklen Beinen; Schwanzoberseite hellgrau, bei Dorngrasmücke braun; äußere Schwanzfeder bei beiden weiß. Junge mit grauer Backe (s. Grafik). **Verwechslung:** Siehe Dorngrasmücke. **Vorkommen:** Heckenbewohner; an Waldrändern, in Parks, Gärten, Friedhöfen. – Z; überwintert in Nordostafrika. **Nahrung:** Wie Dorngrasmükke. **Fortpflanzung:** Nester in Hecken und Fichtenschonungen; Gelege 5–6 Eier. Brutdauer 11–14, Nestlingszeit 12 Tage.

Waldlaubsänger

Phylloscopus sibilatrix

(Foto unten)

Unsere Laubsänger (Waldlaubsänger, Fitis, Zilpzalp) sind in ihren Lebensräumen recht häufige Vögel, die man schnell mit Hilfe ihrer einfachen, charakteristischen Gesänge kennenlernt. **Merkmale:** Der Waldlaubsänger ist ein oberseits grüner Laubsänger mit gelber Brust und Überaugenstreif. Kehle und Bauch sind weiß, die Beine hell hornfarben. **Verwechslung:** Mit Zilpzalp und Fitis (s. S. 74). Mit dem Gelbspötter (s. S. 68), dessen Unterseite ganz gelb ist und der blaugraue Beine hat. Alle singen jedoch verschieden. **Vorkommen:** Charaktervogel des Buchen-Hochwaldes. – Z; überwintert in Afrika südlich der Sahara bis 6° S. **Nahrung:** Insekten, Spinnen in den Baumkronen. **Fortpflanzung:** Bodennest im Wald; Gelege meist 6–7 Eier. Brutdauer 12–14, Nestlingszeit 11–12 Tage.

Fitis
Phylloscopus trochilus

Merkmale: Ein Laubsänger, der sich nur durch die hell hornfarbenen Beine und seinen Gesang von Zilpzalp unterscheidet. Oberseits graugrün, unterseits grauweiß mit gelblicher Tönung. Gelber Überaugenstreif. Gesang eine weiche, abfallende Strophe gepfiffener Töne; melancholisch. **Verwechslung:** Mit dem Zilpzalp (s.u.), der dunkle Beine hat; mit dem Waldlaubsänger (s. S.72), der gelber und grüner ist; mit Gelbspötter (s. S.68), der unterseits ganz gelb ist und blaugraue Beine hat. Alle aber singen gänzlich verschieden. **Vorkommen:** Waldränder, Lichtungen, Niederwald, Sumpfwälder, Flußauen. Braucht Licht und nicht zu hohe und dichte Vegetation. – Z; überwintert in Westafrika südlich der Sahara. **Nahrung:** Insekten, Spinnen, die er im Gebüsch aufstöbert, von den Blättern abliest und im Flug jagt. **Fortpflanzung:** Überdachtes Nest in Bodenvertiefung, selten höher; Gelege 6–8 Eier. Brutdauer 12–15, Nestlingszeit 13–16 Tage.

Zilpzalp
Phylloscopus collybita

Kugelnest

Sein Gesang von hoher Warte aus – ein sich wiederholendes »zilp zalp zilp zalp« – gab diesem Laubsänger den Namen. Ein sehr häufiger Vogel. **Merkmale:** Ähnlich dem Fitis; oberseits olivgrau mit grauweißer Unterseite; Flanken leicht braun getönt. Aber im Gegensatz zu Fitis und Waldlaubsänger sind die Beine schwarzbraun. Entscheidendes Merkmal ist der Gesang. **Verwechslung:** Mit anderen Laubsängern. Mit dem Gelbspötter (s. S.68), der unterseits gelb ist und blaugraue Füße hat. **Vorkommen:** In allen unterholzreichen Wäldern und Gärten, in Parks und Friedhöfen. Liebt Schatten. – Z; überwintert im Mittelmeergebiet und in Westafrika bis 10°N. Bleibt im Herbst lange hier und einige überwintern sogar. **Nahrung:** Insekten, Spinnen, Asseln, die in Baumkronen (♂) und in der Krautschicht (♀) von Blättern abgelesen werden. Jagt auch fliegende Insekten. **Fortpflanzung:** Überdachtes Nest in Bodennähe, mit einem Einschlupf, der sowohl das meiste Licht hereinläßt, als auch gute Deckung beim Anfliegen vor allem dem ♀ bietet. Steht das Nest im Hang, dann zeigt die Öffnung meist hangabwärts (s. Grafik); gut versteckt in Hecken, Stauden, Jungfichten; Gelege 5–7 Eier. Brutdauer 13–16, Nestlingszeit 13–16 Tage. 2 Jahresbruten.

Wintergoldhähnchen
Regulus regulus

Flugbild

Goldhähnchen sind unsere kleinsten Vögel. Sie wiegen 5 bis 5½ Gramm! So klein sie auch sind: Die Wintergoldhähnchen trotzen dem Schneewinter, und beide Arten machen weite Wanderungen in ihre Winterquartiere. **Merkmale:** Ein geschickter Turner in den feinen Zweigen der Nadelbäume. Oberseite olivgrün, Unterseite grauweiß. Artkennzeichen: Kein weißer Überaugenstrich. Der orangefarbene (♂) bzw. gelbe (♀) Mittelscheitel ist mit einem schwarzen Strich eingefaßt. Bei ♂ ist oft das Orange verdeckt, so daß man sie für ♀ hält. Junge ohne Kopfzeichnung. Leiser, wispernder Ruf. **Vorkommen:** Nadel- und Mischwälder, Parks. Sehr an Nadelhölzer gebunden. Im Winter Mitglied der gemischten Meisentrupps. – TZ. **Nahrung:** Kleine und kleinste Insekten und Spinnen, die von Nadeln und Zweigen abgelesen und im Rüttelflug vor Zweigen gejagt werden. Im Winter auch kleine Samen. **Fortpflanzung:** Kugelförmiges, dickwandiges Filznest, in 10–12 m Höhe in den Außenästen von Fichten oder Tannen schwebend aufgehängt; Gelege 8–11 Eier. Brutdauer 12–17, Nestlingszeit 14–21 Tage. 2 Jahresbruten.

Sommergoldhähnchen
Regulus ignicapillus

Die Zugleistung unserer kleinsten Vögel ist staunenswert. Goldhähnchen sind in der Lage, Ostsee, Nordsee und das Mittelmeer zu überfliegen. Da Sommergoldhähnchen bei uns zum Winter fast alle wegziehen, erhielten sie diesen Namen. **Merkmale:** Wie Wintergoldhähnchen, aber mit zusätzlichem schwarzen Augenstreif und weißem Überaugenstreif. Junge mit angedeuteten Augenstreifen. **Verwechslung:** Mit Wintergoldhähnchen (s.o.). Gesang und Rufe verschieden. Der Ruf des Sommergoldhähnchens ist kräftiger. **Vorkommen:** Nadel- und Mischwälder, große Parks mit Nadelhölzern. Nicht ganz so fest an Nadelbäume gebunden wie Wintergoldhähnchen. Liebt exotische Nadelbäume. – Z; überwintert in Westeuropa und den Mittelmeerländern, aber auch schon in warmen Lagen West- und Süddeutschlands und der Schweiz. **Nahrung:** Kleine Insekten, Spinnen, die von Zweigen und Nadeln abgelesen und im Flug gejagt werden. **Fortpflanzung:** Hängenest wie Wintergoldhähnchen, aber nicht so hoch angebracht; Nester auch in Efeu; Gelege 7–11 Eier. Brutdauer 12–16, Nestlingszeit 19–20 Tage. 1–2 Jahresbruten.

Trauerschnäpper

Ficedula hypoleuca

(Foto oben: ♀)

altes Männchen

Fliegenschnäpper sind Vögel mit breiten Schnäbeln, die als Ansitzjäger Insekten fangen. **Merkmale:** Ein attraktiver, braun-weißer Vogel. Oberseits mit weißem Flügelschild (♂) bzw. weißen Säumen im braunen Flügel (♀). Weiß gesäumte Schwanzaußenfedern; ♂ mit weißer Stirn. Sehr alte ♂ und nordeuropäische ♂ sind oberseits schwarz statt braun (s. Grafik). **Verwechslung:** Mit Grauschnäpper (s.u.); mit Halsbandschnäpper, *Ficedula albicollis,* der lokal in Süddeutschland, sowie im südöstlichen Mitteleuropa und der Südschweiz brütet. Dessen ♂ ist immer schwarz-weiß gefärbt und hat zusätzlich einen breiten weißen Halsring. ♀ von dem des Trauerschnäppers schwer zu unterscheiden. Es hat viel mehr Weiß im Flügel und silbernen Anflug des Bürzels. **Vorkommen:** In lichten und sonnigen Wäldern, Parks, Alleen und Gärten. – Z; überwintert im tropischen West- und Mittelafrika. **Nahrung:** Insekten, die im Stoßflug von einer Warte aus erbeutet oder von der Vegetation abgelesen werden. Auch Flatterflug-Jagd. Im Spätsommer Beeren. **Fortpflanzung:** Höhlenbrüter, nimmt sehr gerne Nistkästen an. Hiermit kann man seine Siedlungsdichte erheblich steigern. Gelege 6–7 Eier. Brutdauer 12–17, Nestlingszeit 14–18 Tage. 1 Jahresbrut.

Grauschnäpper

Muscicapa striata

Jungvogel

Merkmale: Ein stiller, unauffälliger, doch lebhafter, graubrauner Vogel; Oberkopf, Kehle und Brust dunkelgrau gestreift. Ohne jedes Weiß. Junge mit grauen Flecken unterseits und hellen oberseits (s. Grafik). Sitzt aufgerichtet; zuckt viel mit Schwanz und Flügeln. **Verwechslung:** Trauerschnäpper (s. o.), aber dieser hat weiße Flügelspiegel und weiß gesäumte Schwanzaußenfedern. **Vorkommen:** In lichten Laubwäldern, Parklandschaften, Gärten, Friedhöfen. Nicht scheu. Brütet gerne in unmittelbarer Nähe des Menschen. – Z; überwintert im südlichen Drittel Afrikas. **Nahrung:** Ansitzjagd auf Insekten; Beeren. **Fortpflanzung:** Freistehendes Nest in Astgabeln, Efeu, Stammausschlag, an Häusern; selbst in Blumentöpfen. Gelege 4–5 Eier. Brutdauer 12–15, Nestlingszeit 12–16 Tage. 2 Jahresbruten.

Schwarzkehlchen
Saxicola torquata

(Foto oben: ♂)

Schwanzoberseite

Weibchen

Merkmale: Schwanz braunschwarz (s. Grafik). ♂ mit schwarzem Kopf, schwarzbrauner Oberseite, weißen Halsseiten und Flügelschild, rotbrauner Brust, weißem Bauch. ♀ ähnlich, aber Kopf und Oberseite hellbraun mit dunkelbrauner Fleckung; Bauch cremefarben (s. Grafik). **Verwechslung:** Leicht mit Braunkehlchen: Beim Schwarzkehlchen ist der ganze Kopf einheitlich gefärbt wie eine Kapuze, beim Braunkehlchen nur Oberkopf und Kopfseiten. Außerdem ist beim Braunkehlchen die Schwanzwurzel weiß (s. Grafik unten). **Vorkommen:** Auf sandigen, trockenen Böden: an Eisenbahndämmen, auf Schuttplätzen, Ödland, mageren Wiesen und Heiden. Außerhalb der Brutzeit viel auf Äkkern. Wärmeliebend, fehlt daher weitgehend in Norddeutschland östlich der Weser. Nach der Roten Liste als »gefährdet« eingestuft. – Z. **Nahrung:** Insekten, Spinnen, Würmer, Asseln, Schnecken. Wird a) von der Erde (sie hüpfen gerne) und den Gräsern und Stauden aufgenommen; b) über der Vegetation im Horizontalflug gejagt; c) bei gutem Wetter von einer Warte aus im Flug gejagt. **Fortpflanzung:** Sehr gut verstecktes Nest am Boden; Gelege 4–6 Eier. Brutdauer 13–14, Nestlingszeit 14–17 Tage, 2 Jahresbruten.

Braunkehlchen
Saxicola rubetra

(Foto unten: ♂)

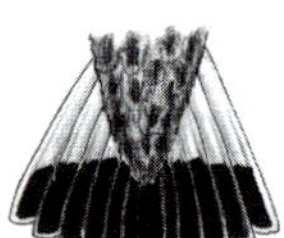

Schwanzoberseite

Merkmale: Braun mit weißem (♂) bzw. cremefarbenem (♀) Überaugenstreif und zwei weißen Flecken im Flügel, und zwar der zweite auf den Handdecken. Kehle, Brust und Flanken rotbraun, Bauch weiß. Im Ruhekleid beide Geschlechter gleich; Überaugenstreif cremefarben. Kurzer, wenig abgerundeter Schwanz (s. Grafik). Junge oberseits rotbraun, mit breiten, schwarzbraunen Längsflecken sowie rahmfarbenen Schaftstrichen, unterseits cremefarben. **Verwechslung:** Leicht mit Schwarzkehlchen, doch sind bei ihm u. a. Kopf und Kehle kapuzenartig gleich gefärbt. Junge mit jungen Schwarzkehlchen, doch sind diese oberseits dunkelbraun mit cremefarbenen Längsflecken und ihre Kehle ist bräunlich überhaucht. **Vorkommen:** Feuchte Weiden und Wiesen mit hohem Bewuchs, grasüberzogene Kahlschläge und Lichtungen, feuchte Heiden; neuerdings auch auf Ackerland mit Klee und Luzerne. Nach der Roten Liste als »gefährdet« eingestuft. – Z; überwintert im tropischen Afrika südlich der Sahara. **Nahrung:** Wie beim Schwarzkehlchen; zusätzlich Fangflüge von einer Warte zur anderen nach Würgerart. **Fortpflanzung:** Nest gut versteckt im Boden; Gelege 4–7 Eier. Brutdauer 12–14, Nestlingszeit 11–14 Tage.

Garten-rotschwanz

Phoenicurus phoenicurus

(Foto oben: ♂,
Foto unten: ♀)

Männchen im 2.Jahr

Rotschwänze sind langschwänzige, höhlenbrütende Insektenfresser von lebhaftem Wesen. Es sind schmucke Vögel, die im Männchenkleid die Grundfarben Schwarz, Weiß und Rotbraun in immer neuer Kombination variieren. Die Weibchen sind – wie bei fast allen Vögeln, bei denen sich die Geschlechter im Gefieder unterscheiden – unscheinbar gefärbt, da sie die Eier bebrüten und deshalb eine Schutzfärbung haben müssen. Nur bei wenigen Arten ist es umgekehrt. Hier – etwa bei den hochnordischen Wassertretern *Phalaropus* – brüten die unscheinbar gefärbten ♂ und nicht die prächtig gefärbten ♀. **Merkmale:** Hinterstirn und Bauch beim ♂ (Brutkleid) weiß, Flanken und Brust rotbraun, Oberseite blaugrau; die schwarze Gesichtsmaske bedeckt auch die Kehle. Keine auffallenden Flügelabzeichen. ♂ im 2.Jahr oberseits braungrau, weiße Spitzen auf schwarzer Kehle (s. Grafik); ausgewachsene ♂ auch im frischen Herbstgefieder ähnlich gezeichnet. ♀ oberseits graubraun, unterseits hell gelblichbraun; Kropf grauweiß. Junge sind schuppig gefleckt, weibchenfarben. Das Foto zeigt einen Vogel aus Kleinasien; unsere haben keine weißen Flecken auf den Flügeln. Dortige haben normalerweise ein deutliches weißes Flügelfeld. **Verwechslung:** Mit dem Hausrotschwanz (s. S.84). Doch ist beim ♂ das Weiß anders verteilt, und beim Hausrotschwanz ♀ ist der Gesamteindruck viel düsterer. Warnlaute beider Arten fast gleich, Gesänge jedoch verschieden. **Vorkommen:** Lichte Laub- und Mischwälder, Parks und Gärten. Ein häufiger Vogel in Städten und Dörfern. Ausgesprochener Kulturfolger. – Z; überwintert in den Savannen und Steppen Afrikas nördlich des Äquators. **Nahrung:** Ansitzjäger, der die Insekten, Spinnen und Schnecken am Boden fängt und ab und zu auch im Flug erhascht. Beeren. **Fortpflanzung:** Halbhöhlenbrüter. Nest in allerlei Vertiefungen in Bäumen und Gebäuden sowie in künstlichen Nisthöhlen, in Gerümpel, Holzstößen, Röhren; Gelege meist 6–7 Eier. Brutdauer 12–17, Nestlingszeit 13–17 Tage.

Hausrotschwanz

Phoenicurus ochruros

(Foto oben: ♀, Foto unten: ♂)

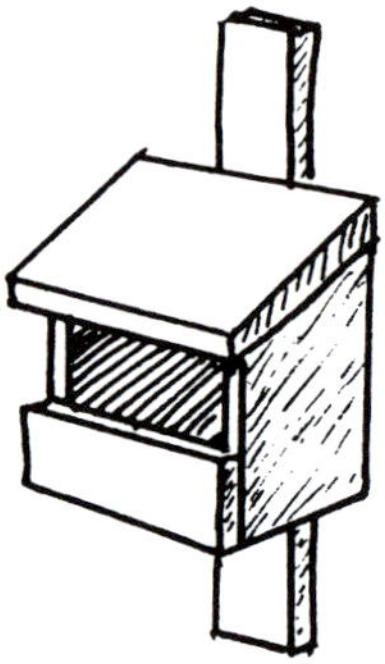

Halbhöhlen-Nistkasten

Der Hausrotschwanz war ursprünglich Felsenbewohner und hat erst in den letzten 200 Jahren unsere Tiefebenen besiedelt. Er hatte erkannt, daß für ihn ein Felsen nicht viel anderes ist als ein Steinhaus mit vielen Nischen, in denen es sich genausogut leben und brüten läßt. Die deutsche Grenze nördlich Flensburgs erreichte er vor 110 Jahren. Heute ist er für uns ein bekannter Mitbewohner unserer Häuser. **Merkmale:** ♂ rußschwarz, mit rotem Bürzel und Schwanz und weißem Flügelfeld. ♀ und Junge sowie einjährige ♂ dunkel graubraun, mit rotem Bürzel und Schwanz. Gesang mit gepreßten Knirsch- und Zischlauten. Rufe wie die des Gartenrotschwanzes, jedoch etwas härter. **Vorkommen:** Auf, an und nahe von Gebäuden aller Art. Sitzt am liebsten auf dem warmen Dach. In Weinbergen und im Hochgebirge. – Z; Der Hausrotschwanz ist im Herbst länger bei uns als der Gartenrotschwanz und kommt auch im Frühling einen ganzen Monat früher zurück. **Nahrung:** Ansitzjäger. Jagt von Zäunen, Antennen und Leitungsdrähten aus Boden- und Fluginsekten, Asseln und Spinnen. Beeren. **Fortpflanzung:** Halbhöhlenbrüter in allerlei Höhlen und Vorsprüngen von Gebäuden und Mauern; nimmt gerne Halbhöhlen-Nistkästen an (s. Grafik). Schon einjährige ♂ sind fortpflanzungsfähig und verpaart. Sie sind von ihrem ♀ erst im Laufe des Sommers zu unterscheiden. Gelege meist 5–6 Eier. Brutdauer 13–16, Nestlingszeit 12–19 Tage. 2 Jahresbruten.

Nachtigall
Luscinia megarhynchos

Jungvogel

Sprosser

Die Nachtigall war schon den alten Griechen und alten Germanen Gegenstand göttlicher Verehrung. Ihr Name ist althochdeutsch und bedeutet Nachtsängerin. In Wirklichkeit aber ist sie tagaktiv und singt besonders morgens und abends und dann auch nachts. Nachts ist sie nicht die einzige Sängerin: Wir lernten schon den Sumpfrohrsänger kennen. **Merkmale:** Ein stets in Deckung und Bodennähe bleibender Vogel von brauner Farbe und rotbraunem Schwanz. Das sicherste Unterscheidungszeichen zum Sprosser ist die über die Handdecken herausragende 10. Handschwinge. Junge oben und unten ockerfarben gefleckt (s. Grafik). **Verwechslung:** Mit dem nächsten Verwandten, dem nordosteuropäischen Sprosser, *Luscinia luscinia*, der sie von Ostholstein an ostwärts ersetzt. Dessen Lied ist eintöniger, aber nicht minder kraftvoll. Seine Brust ist dunkel gewölkt bis hin zur Einfarbigkeit (s. Grafik). Mit Rotschwanz-Weibchen, aber diese in offenen Lebensräumen. **Vorkommen:** Dichte, unterholzreiche Laubwälder, Gebüsche und Parks. – Z; überwintert im tropischen Afrika nördlich des Äquators. **Nahrung:** Kerbtiere aller Art und Schnecken, die im Boden, vor allem unter Fallaub gesucht werden; Beeren. **Fortpflanzung:** Gut verstecktes und getarntes Bodennest mit 4–6 Eiern. Brutdauer 13–14, Nestlingszeit 11–14 Tage.

Rotkehlchen
Erithacus rubecula

Jungvogel

Merkmale: Oberseite olivbraun, Gesicht, Kehle und Brust orangerot, Bauch weißlich. Junge oberseits lehmfarben gefleckt; Gesicht, Brust und Flanken dunkelbraun quergewellt (s. Grafik). **Verwechslung:** Mit dem ♂ des den Hochwald bewohnenden Zwergschnäppers, *Ficedula parva*, dessen Gesicht aber grau und dessen Schwanz weiß-schwarz gemustert ist. Zudem hat der Zwergschnäpper eine andere Haltung und ist sehr selten und nur lokal verbreitet. **Vorkommen:** Das zutrauliche Rotkehlchen bewohnt unterholzreiche Wälder mit hoher Fallaub- oder Moos-Bodenschicht und ebensolche Parks und Gärten. Kommt im Winterhalbjahr gern ans Futterbrett. – TZ. **Nahrung:** Insekten, Spinnen, Schnecken und Würmer der Fallaub- und Moosschicht. Beeren und Früchte. **Fortpflanzung:** Warmes Nest in Erdhalbhöhle, in Stubbenlöchern und Mauerspalten gut versteckt; Gelege 5–7 Eier. Brutdauer 12–15, Nestlingszeit 13–15 Tage. 2 Jahresbruten.

Singdrossel

Turdus philomelos

Singdrossel
Schwanzoberseite

Misteldrossel
Schwanzoberseite

Merkmale: Oberseits olivbraun, auch Schwanz (s. Grafik), unterseits auf weißem (Bauch) und rostgelbem (Brust) Grunde mit kräftigen schwarzen Tupfern. Achseln lehmfarben. Gesang volltönend, eine Folge kurzer 1–3silbiger Motive, die jeweils 3mal (2–4mal) wiederholt werden. **Verwechslung:** Mit der Misteldrossel, *Turdus viscivorus;* diese jedoch größer, oberseits grauer und mit anderem Gesang und Rufen; Lied melancholisch mit »hochgezogenem« Schluß; Achseln weiß, Schwanzseiten weißlich (s. Grafik). Mit der Rotdrossel, *Turdus iliacus,* Wintergast aus Nordeuropa (s. S.90); diese aber mit breitem, cremefarbenem Überaugenstreif und roten Flanken und Achseln. **Vorkommen:** In jedem trockenen, unterholzarmen Wald und Park, in größeren Gärten. (Die Misteldrossel ist im Wald weitaus seltener. Sie bevorzugt freieres Gelände, wie Kahlschläge, Parklandschaften, Feldgehölze, und sucht ihre Nahrung in Wiesen und auf Äckern.) – Z. **Nahrung:** Kerbtiere, Würmer, Schnecken am und im Boden; Beeren (Misteldrossel nach Frost Mistelbeeren). **Fortpflanzung:** Nest meist 1–3 m hoch in deckenden Fichten und Laubgebüsch; Gelege 4–5 Eier. Brutdauer 11–14, Nestlingszeit 12–16 Tage. 2 Jahresbruten.

Amsel, Schwarzdrossel

Turdus merula

(Foto rechts: ♀)

Drosseln sind vollendete Sänger, und unsere Amsel läßt ihren wunderbaren, vollen Gesang schon im Vorfrühling auch für den Städter erschallen. »Amsel, Drossel, Fink und Star« heißt es im Lied, und viele glauben, daß Amseln die schwarzen und Drosseln die braunen Gartenvögel seien. Doch beide heißen Amsel oder Schwarzdrossel, und es handelt sich lediglich um die unterschiedlichen Kleider von ♂ und ♀! Drossel ist der Oberbegriff, der Gattungsname. **Merkmale:** ♂ schwarz, Schnabel gelb, im 1. Lebensjahr noch dunkel hornfarben. ♀ dunkelbraun, unterseits oft verwaschene Fleckung, Schnabel dunkelbraun bis ebenfalls gelb (Gelb ist die Grundierung, das Braun kann sich schnell abnutzen). **Vorkommen:** Überall, wo es Bäume und Sträucher gibt, auch in Großstädten. – St. **Nahrung:** Regenwürmer, Kerbtiere, Schnecken, die aus dem Boden gehackt, gescharrt oder gezogen werden. Im Herbst und Winter überwiegend Beeren und Früchte, die von Baum und Strauch gepflückt werden. **Fortpflanzung:** Nest in Hecken, Büschen, Bäumen, Spalierwänden, auf Balkonen usw.; Gelege 3–5 Eier. Brutdauer 12–15, Nestlingszeit 12–15 Tage. 2–4 Jahresbruten.

Wacholderdrossel
Turdus pilaris

Flugbild

Ein sehr geselliger Vogel, der z.Zt. in Westeuropa, in Norditalien und in Norddeutschland sein Brutgebiet Jahr für Jahr nach Westen, Süden und Norden erweitert. **Merkmale:** Eine kontrastreich gefärbte große Drossel: oberseits grau (Kopf, Bürzel), schwarz (Schwanz) und kastanienbraun (Rücken, Flügeldecken) (s. Grafik), unterseits weiß und gelbbraun (Brust, Halsseiten). Brust und Flanken mit großen schwarzen Tropfenflecken. Beine schwarz wirkend. Jungvogel auf Rükken mit rahmgelben Schaftstrichen, die dunkelbraunen Brustflecken wie bei der Singdrossel. Typische schakkernde Warnrufe. Nervöse, schnell auffliegende Vögel. **Verwechslung:** Kaum möglich; die anderen gefleckten Drosseln sind oberseits ohne Kontraste. **Vorkommen:** Waldrand- und Parklandschaftsvogel mit Vorliebe für feuchte Wiesen. – JZ. **Nahrung:** Alles erreichbare Bodengetier, Beeren und Früchte. Die Vorliebe für Wacholderbeeren gab ihr den Namen. **Fortpflanzung:** Koloniebrüter; Nester relativ hoch in Bäumen; bevorzugt Schwarzpappel und Weide; Gelege 4–6 Eier. Brutdauer 13–14, Nestlingszeit 13–14 Tage. 1–2 Jahresbruten.

Rotdrossel
Turdus iliacus

Als Brutvogel Nord- und Nordosteuropas überwintert die Rotdrossel regelmäßig bei uns in großen Scharen von Oktober bis April. **Merkmale:** Eine typische braune Drossel wie Sing- und Misteldrossel, aber mit weinroten Flanken und weinroten Achseln sowie breitem, cremefarbenem Überaugen- und Bartstreif. Rotdrosseln sind sehr ruffreudig und singen bei uns im Frühjahr. **Verwechslung:** Siehe Sing- und Misteldrossel (S.88). **Vorkommen:** Hier in offener Feldlandschaft und auf nassen Wiesen und Weiden in Waldnähe, wohin sie bei Alarm flüchten. In ihrer Heimat in den sumpfigen Wäldern und in Parks. – Z. **Nahrung:** Schnecken, Regenwürmer, Insekten, Beeren und Früchte, die sie am Boden sucht. **Fortpflanzung:** Nest auf und über dem Boden; Gelege meist 4–6 Eier. Brutdauer 12–14, Nestlingszeit 12–14 Tage. 2 Jahresbruten.

Schwanzmeise

Aegithalos caudatus

Nest

Ein leichter Federball mit seidigem Gefieder. **Merkmale:** Eine in zwei Rassen und in Mischformen auftretende, extrem langschwänzige Meise, die flink und gewandt im Geäst turnt und gesellig lebt. Farben: schwarz (Rücken, Schwanz), weiß (Kopf und Unterseite), rosa (Unterbauch und Schultern). – Die nordeuropäische Rasse (auf dem Foto der untere Vogel) ist rein weißköpfig, die mitteleuropäische (auf dem Foto der obere Vogel) hat einen mehr oder weniger ausgeprägten breiten, schwarzen Streifen vom Auge zum Rücken hin. Stimme sehr charakteristisch. Im Winter Trupps bildend. Junge mit dunklen Köpfen, ohne Rosa. **Verwechslung:** Mit der Beutelmeise, *Remiz pendulinus*, die aber kurzschwänzig ist und bei der der breite schwarze Augenstreif im grauweißen Kopf vorne über der Stirn zusammenläuft. Junge Beutelmeisen sind weißköpfig, ihr Rücken zimtbraun. Ihnen fehlt der schwarze Augenstreif. **Vorkommen:** Feuchte Laub- und Mischwälder mit Unterholz, Weiden; winters in allen Wäldern und in Büschen umherstreifend. – St., die weißköpfige Rasse IV. **Nahrung:** Kleine Kerbtiere; liebt Blattläuse. **Fortpflanzung:** Das große, kugelige Nest (s. Grafik) ist kunstvoll verfilzt gebaut und von außen mit Flechten verblendet; Gelege 7–12 Eier. Brutdauer 12–13, Nestlingszeit 14–19 Tage. Oft füttern mehrere Schwanzmeisen als Helfer an einem Nest mit.

Haubenmeise

Parus cristatus

Merkmale: Eine oberseits braune, unterseits weiße Meise mit charakteristischer schwarz-weißer Haube am trüb-weißen Kopf. Kehle und Halsring schwarz. Jungvögel haben einfarbig dunkle Augen, Erwachsene eine rotbraune Iris. Scheu. **Verwechslung:** Nicht möglich. **Vorkommen:** Nadelwälder, Parks mit Nadelhölzern. – St. **Nahrung:** Kerbtiere, die in Baumwipfeln von begrünten Zweigen und von der Rinde abgelesen werden. Im Winter Nadelholzsamen und Beeren. **Fortpflanzung:** Nest in Naturhöhlen wie angefaulten Stammresten gefallener Fichten und Kiefern; in Astlöchern, Weidenhöhlen, Zaunpfählen; Gelege 5–8 Eier. Brutdauer 13–15, Nestlingszeit 20–23 Tage.

Sumpfmeise
Parus palustris

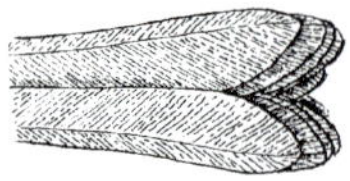

Sumpfmeise
Schwanz

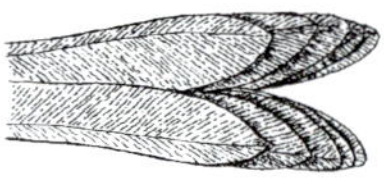

Weidenmeise
Schwanz

Merkmale: Graubraune Meise mit schwarzem Oberkopf und Kehlfleck; Unterseite weißlich. **Verwechslung:** Mit Weidenmeise (s.u.). **Vorkommen:** Laub- und Mischwälder bis ca. 1400 m Höhe. – St. **Nahrung:** Kerbtiere, die sie von grobkornigen Stämmen und Ästen, mit Vorliebe von der Birke absammelt; Samen von Stauden und Nadelhölzern. Versteckt Wintervorräte. **Fortpflanzung:** Brütet in fremdgezimmerten Höhlen und Nistkästen; Gelege 6–10 Eier. Brutdauer 12–15, Nestlingszeit 17–20 Tage.

Die sehr ähnliche **Weidenmeise,** *Parus montanus,* ist nur am Gesang und mit Vorbehalt an den Rufen von der Sumpfmeise sicher zu unterscheiden. Ja, bis weit in unser Jahrhundert hinein glaubte man nicht an die Existenz zweier »Graumeisen«-Arten. Die Sumpfmeise ist die bei weitem häufigere und wahrscheinlicher anzutreffende Art. Der schwarze Kehlfleck ist bei der Weidenmeise etwas länger, der Schwanz ist gestufter (s. Grafik); sie hat im Vorfrühling einen schönen Gesang. Vorkommen in allen baumbestandenen, weniger gepflegten Landschaften bis zur Baumgrenze hinauf, denn sie benötigt morsches Holz für die Anlage der Nisthöhle. Bildet spezielle Alpenrasse. – St. Nahrung wie Sumpfmeise. Nest in selbstgezimmerten Fäulnishöhlen; Gelege 6–9 Eier. Brutdauer 13–14, Nestlingszeit 17–19 Tage.

Blaumeise
Parus caeruleus

Diese kleine lebhafte Meise ist wie die Kohlmeise dankbarer Nistkastenbrüter in unseren Gärten und im Winter ständiger Gast am Futterbrett und Futterhäuschen. **Merkmale:** Unverwechselbar. Blau und gelb; Rücken grün, Gesicht weiß. Durch Aufplustern bei Kälte und bei starker Federabnutzung entsteht ein dunkler Bauch-Mittelstrich. Junge mit gelben Wangen und grünlichbrauner Oberseite. Singt schon an schönen Januartagen. **Verwechslung:** Mit der Kohlmeise (s. S.96). **Vorkommen:** Offener lichter Laubwald; liebt Eiche und Buche. Kulturfolger in Gärten, Parks, Feldhecken. Häufig. – St. **Nahrung:** Kerbtiere, die von kleinsten Zweigen, von Kätzchen und Blättern gesammelt werden. Im Herbst und Winter viele Samen, Nüsse, Beeren. **Fortpflanzung:** Sie benötigt Nistkästen mit kleinem Flugloch (27–28 mm Durchmesser), um ungestört brüten zu können. Aus größeren Höhlungen wird sie oft von der Kohlmeise vertrieben. Gelege meist 8–13 Eier. Brutdauer 13–15, Nestlingszeit 17–21 Tage.

Kohlmeise

Parus major

Nackenfleck der Kohlmeise

Die Kohlmeise ist unsere größte, häufigste und stimmbegabteste Meise. Sie fängt schon an sonnigen warmen Wintertagen zu singen an. **Merkmale:** Spatzengroß; die gelbe Unterseite durch schwarzen Mittelstreifen zweigeteilt. Junge mit brauneren Farben und gelben Backen. **Verwechslung:** Hat mit der Tannenmeise (s.u.) gemeinsam schwarzen Kopf und Kehle sowie weiße Backen, aber kleineren, quer angeordneten, weißen Nackenfleck (s. Grafik). Tannenmeise ohne Gelb und ohne den schwarzen Mittelstrich am Bauch. Auch die gelbbäuchige Blaumeise hat gelegentlich einen dunklen Mittelstrich. Die Kohlmeise hat ein großes Repertoire von Lauten, die man mit denen anderer Arten wie Buchfink, Blaumeise oder Sumpfmeise leicht verwechseln kann. **Vorkommen:** In Laub- und Mischwäldern, Parks und Gärten; wo immer es Bäume und Nistkästen gibt. Fehlt im dunklen Fichtenwald. – St. **Nahrung:** Kerbtiere von Zweigen und Ästen; Würmer, Schnecken am Boden; Beeren, Samen; fetthaltige Lebensmittel. **Fortpflanzung:** In jeder Höhlung, sogar Briefkästen, Gießkannen, bis 4 m Höhe. Gelege 7–13 Eier. Brutdauer 12–16, Nestlingszeit 15–21 Tage. 1–2 Jahresbruten.

Tannenmeise

Parus ater

Merkmale: Eine kleine Meise ohne Gelb. Kopf wie bei Kohlmeise schwarz mit weißen Backen, aber mit großem, weißem Hinterkopffleck. Bauch grauweiß und ohne schwarzen Mittelstrich, Flanken lehmfarben. Oberseite olivgrau. Junge mit schmutzig-gelbem Hinterkopffleck, Backen und Unterseite. **Verwechslung:** Mit Kohlmeise (s.o.) und mit Blaumeise, aber beide sind unterseits gelb, die Kohlmeise dazu noch mit breitem, schwarzem Mittelstrich. Außerdem ist der Ruf der Tannenmeise unverwechselbar. **Vorkommen:** Nadel- und Mischwälder, am liebsten in Fichten. – St und IV. **Nahrung:** Kerbtiere, die im grünen Zweigbereich, in Rindenspalten und Flechten gesammelt werden. Kommt zu Futterstellen. Sammelt Vorräte. Frißt im Winter viele Samen. **Fortpflanzung:** Höhlenbrüter, Nest im Boden oder bodennah; so in selbstgegrabenen Erdhöhlen, Mäuselöchern, zwischen Baumwurzeln, in Baumhöhlen; Gelege 9–11 Eier. Brutdauer 13–17, Nestlingszeit 16–23 Tage. 1–2 Jahresbruten.

Kleiber
Sitta europaea

typische Haltung

Merkmale: Ein halsloser, gedrungener Vogel mit kräftigem Meißelschnabel. Oberseits graublau, unterseits schmutzig ockergelb, mit weißer Kehle. Flanken rostbraun. Schwarzer Augenstreif. Können flink kopfunter am Stamm abwärts klettern (s. Grafik); der kurze Schwanz hat keine Funktion beim Klettern. Kampfeslustig, ruffreudig. **Vorkommen:** Laub- und Mischwälder, Alleen und Parks, Gärten mit alten Bäumen. Liebt deutlich Eichen. Kommt gerne an das Futterbrett. Zieht im Winter mit Meisen, Baumläufern und Goldhähnchen umher. – St. **Nahrung:** Im Sommer Kerbtiere und im Winter Samen als Hauptkost. Nahrungssuche in allen Ritzen des Baumes mittels des Auges, nicht der Zunge wie bei Spechten. Klopft harte Nahrung auf bzw. weich. Ansitzjäger auf Fluginsekten im zeitigen Frühjahr und Sommer. Zur Jungenaufzucht holt er Raupen von den Blättern. Samensuche auch am Boden. Die Vorratssammlung von Nüssen und Eicheln ist stark ausgeprägt. **Fortpflanzung:** Höhlenbrüter, der in fremden und künstlichen Nisthöhlen brütet. Das Flugloch wird vermauert. Gelege meist 5–8 Eier. Brutdauer 15–18, Nestlingszeit 23–24 Tage.

Waldbaumläufer
Certhia familiaris

In Anatomie und Färbung hervorragend an das Leben an senkrechten Baumstämmen angepaßt. **Merkmale:** Schlank, mit dünnem, gebogenem Schnabel, kräftigem Stützschwanz und langen Fußkrallen. Oberseits wie Rinde tabakbraun aussehend, unterseits grauweiß. **Vorkommen:** In geschlossenen Wäldern, Parks, Gärten mit alten Bäumen. – St, zieht im Winter in Meisenschwärmen mit. **Nahrung:** Stochert aus der Borke dicker Stämme und Äste Insekten und Spinnen hervor. Frißt selten Sämereien. **Fortpflanzung:** Nest hinter gelockerter Borke, in Borkenspalten, in kleinen, flachen Baumhöhlen. Auch hinter Holzverschalungen von Scheunen und Forstbauten. Nimmt Spezialnistkästen an. Gelege 5–6 Eier. Brutdauer 15, Nestlingszeit 16–17 Tage. 1–2 Jahresbruten.

Sehr ähnlich ist der **Gartenbaumläufer,** *Certhia brachydactyla;* beide Arten nur durch Rufe und Gesang sicher auseinanderzuhalten. Beim Gartenbaumläufer Flanken bräunlich getönt und Schnabel länger (keine sicheren Erkennungszeichen). Vorkommen in Parklandschaften, Feldgehölzen, Alleen und Gärten, an Waldrändern und in Auwäldern. – St. Nahrung wie Waldbaumläufer. Gelege 5–6 Eier. Brutdauer 14–15, Nestlingszeit 15–16 Tage. 1–2 Jahresbruten.

Grauammer

Miliaria calandra

Ammern sind dickschnäblige Verwandte unserer Finken, die in offenem Gelände und am Boden leben. Es sind Insekten- und Körnerfresser mit bescheidenen, aber sehr typischen Gesängen. **Merkmale:** Ein plumper, großer, brauner, gestreifter Vogel. Schnabel dick und kurz, mit deutlicher Kerbe. Der braune Schwanz gegabelt. Ohne jedes Weiß! **Verwechslung:** Mit den feinschnäbligen, hochbeinigen Lerchen und Piepern; mit Rohrammer-♀ (s. S. 102); mit jungen Birkenzeisigen, *Carduelis flammea,* diese aber viel kleiner und in anderen Lebensräumen; mit Hänflingen (s. S. 110); mit Haussperlings- ♀ (s. S. 114). **Vorkommen:** In der Kultursteppe: Felder, Wiesen, Trockenhänge. Sitzt gern auf Pfählen, Leitungsdrähten. Gilt nach der Roten Liste als »stark gefährdet«. – TZ. **Nahrung:** Vom Boden und von Sträuchern ablesend: Unkrautsamen, Getreide; im Sommer viele Kerbtiere. **Fortpflanzung:** Polygamie üblich. Bodennester sehr gut versteckt, meist in einer Vertiefung; selten in Gebüsch. Gelege meist 4–5 Eier. Brutdauer 12–14, Nestlingszeit 9–12 Tage. 1–2 Jahresbruten.

Goldammer

Emberiza citrinella

(Foto unten: ♂)

Weibchen

Einer unserer häufigsten Feldvögel, der den ganzen Sommer über unermüdlich sein einfaches Liedchen von einer Warte aus vorträgt. Bildet geographische Gesangsrassen. Sehr empfindlich gegen unsachgemäßes Beizen von Getreide und übertriebene chemische Schädlingsbekämpfung. **Merkmale:** Das ♂ mit leuchtend zitronengelbem Kopf und ebensolcher Unterseite sowie rotbraunem Bürzel. Rücken und Flügel braun, gestreift. Beim ♀ ist das Gelb stumpfer, Scheitel und Kehle sind zudem gestreift (s. Grafik). Junge weibchenfarbig, noch dunkler und stärker gestreift. **Verwechslung:** Mit Schafstelze, Gebirgsstelze, die gelb, aber schlank und hochbeinig sind (s. S. 58). Mit Zaunammer, *Emberiza cirlus,* einer lokalen, seltenen Art im warmen Südraum; aber diese mit olivgrauem Bürzel und ♂ mit schwarzer Kehle. **Vorkommen:** Charaktervogel der mit Hecken bestandenen Feldwege, Ackerränder, Waldränder, Schonungen. Winterschwärme auf Feldern und Höfen. – St. **Nahrung:** Samen, bodenlebende Kerbtiere, Nacktschnecken, Regenwürmer. **Fortpflanzung:** Nest verborgen am Boden oder in Bodennähe; mit 3–5 Eiern. Brutdauer 11–14, Nestlingszeit 9–14 Tage. 2 Jahresbruten.

Rohrammer

Emberiza schoeniclus

(Foto oben: ♂)

Weibchen

Merkmale: Spatzengroß, dickschnäblig. ♂ Kopf und Kehle im Brutkleid schwarz durch Abnutzung der im Ruhekleid lederfarbenen Federsäume. Halsring und Bartstreif grauweiß. Rücken und Flügel bei ♂ und ♀ braun, beim ♂ Schultern rotbraun. ♀: Kopf braun, Scheitel gestreift, schwarzer Bartstreif rahmweiß unterlegt, Brust und Flanken dunkelbraun gestreift (s. Grafik). Beide mit grauem Bürzel und weiß gefaßten äußeren Schwanzfedern. **Verwechslung:** ♀ und Junge mit Grauammer (s. S. 100). Mit ♀ der Spornammer, *Calcarius lapponicus*, doch dieses ohne Bartstreif und mit rostgelbem Nacken. Das ♂ mit Spornammer-♂, doch dieses mit gelbem Schnabel und ohne Bartstreif. Spornammern sind seltene Wintergäste an unseren Küsten. **Vorkommen:** In sumpfigem Gelände mit Schilf und Büschen, in hochwüchsigen nassen Wiesen. Während des Zuges auch in Kulturland. – TZ. **Nahrung:** Samen von Sumpfpflanzen, Gras, Stauden. Im Sommerhalbjahr viele Insekten; Schnecken, Würmer. **Fortpflanzung:** Bodennest im Schilf und Gras, in Brombeerhekken und Baumstümpfen. Gelege 4–5 Eier. Brutdauer 12–14, Nestlingszeit 10–13 Tage. 1–2 Jahresbruten.

Bergfink

Fringilla montifringilla

(Foto unten: ♀)

Männchen im Frühjahr

Bergfinken sind die unmittelbaren nordeuropäischen Verwandten unseres Buchfinken (s. S. 104) und ersetzen ihn in der subarktischen Birkenzone und im Weidengestrüpp der Tundra. Allwinterlich kommen sie in riesigen Scharen als Gäste zu uns. Ausnahmsweise übersommern einige bei uns, und als große Seltenheit kommt es dann in Mitteleuropa auch zu Bruten. Seit 1908 zu rund einem Dutzend. **Merkmale:** Ein kräftiger Fink mit orangebrauner Brust und Schultern und weißem Bürzel (s. Flugbild S. 104). Die im Herbst frisch vermauserten ♂ haben breite, helle Federsäume an Kopf- und Rückenfedern, die sich mit der Zeit abstoßen und schließlich im Frühling das Schwarz voll erscheinen lassen (s. Grafik, Frühjahrs-♂). ♀ und Junge blasser, mit braunem Kopf und braun geschupptem Rücken; Halsseiten aschgrau. Junge mit bräunlichem Bürzel. **Vorkommen:** In Wäldern mit reichlicher Mast; auch auf Feldern. In strengen Wintern an Futterstellen der Höfe und Häuser. – Z. **Nahrung:** Ölhaltige Samen, am liebsten Bucheckern. Im Sommer sehr viele Kerbtiere. **Fortpflanzung:** Nest in Birken; 5–7 Eier. Brutdauer 11–12, Nestlingszeit 11–13 Tage.

Buchfink
Fringilla coelebs

(Foto oben: ♂,
Foto unten: ♀)

Buchfink
Flugbild

Bergfink
Flugbild

Aus Liedern und Gedichten der Kindheit ist der Fink wohl jedem von uns vertraut. Als unser häufigster Vogel und zugleich als furchtloser Kulturfolger des Menschen hat ihn wohl auch jeder, der mit wachen Augen durch die Natur geht, schon gesehen. Der Buchfink ist der Prototyp des Finkenvogels: ein kräftiger, bunt gefärbter Körnerfresser. **Merkmale:** Beim ♂ Oberkopf, Nacken und Halsseiten graublau, im Winter bräunlichgrau, Rükken kastanienbraun, Bürzel grün, Gesicht und Unterseite rotbraun, Schnabel blau, im Ruhekleid hornfarben, Stirn schwarz. ♀ olivgrau. Beide mit je einer weißen Flügelbinde und auffallendem weißen Schulterfleck (s. Flugbild). Schwanzseiten weiß. Junge wie ♀, mit hellerem Gesicht und Brust, hellem Nackenfleck. Sein schmetternder Gesang endet mit einem Überschlag. Ruf- und sangesfreudig. **Verwechslung:** Eventuell mit Bergfink, der jedoch einen weißen Bürzel hat (s. Flugbild). **Vorkommen:** Überall wo es Bäume gibt, in Stadt und Land. Außerhalb der Brutzeit gesellig und dann auch in der Kultursteppe. – TZ, bei dem vor allem die Weibchen und Jungen wegziehen. In Mitteleuropa kommt auf 3 überwinternde ♂ 1 überwinterndes ♀. Daher hat der Buchfink seinen lateinischen Namen *coelebs* (=Zölibat)! **Nahrung:** Samen aller Art, kommt gerne ans Futterbrett. Im Frühjahr und Sommer überwiegen Insekten und Spinnen. Am Boden suchend und in Baumkronen jagend. **Fortpflanzung:** Nest gut mit Flechten getarnt, in 2–10 m Höhe in der Astgabel eines Baumes, aber auch im Efeu. Gelege meist 3–5 Eier. Brutdauer 12–13, Nestlingszeit 12–15 Tage. 2 Jahresbruten.

Girlitz

Serinus serinus

(Foto oben: ♂)

Weibchen

Girlitz und Zitronenzeisig sind die einzigen europäischen Vertreter einer reichen afrikanischen Gruppe von Finkenvögeln. Der Girlitz hat erst nach 1800 weite Teile Mitteleuropas besiedelt und erreichte z.B. Berlin erst 1880. Der nah verwandte Kanarische Girlitz ist die Stammform unseres Kanarienvogels. **Merkmale:** Ein gelber oder gelbgrüner Vogel mit kurzem klobigem Schnabel, der oberseits und an den Flanken dunkelbraun gestreift ist und bei dem ein gelber Bürzel mit dem dunkelbraunen Schwanz kontrastiert. Beim ♀ auch Brust und Stirn gestreift (s. Grafik); insgesamt dunkler und matter. Junge braun, gestreift, ohne Gelb. **Verwechslung:** Altvögel mit dem Zitronenzeisig, *Serinus citrinella,* der Brutvogel der sonnendurchfluteten Bergwälder der Alpen, des Jura, Schwarzwaldes und Harzes ist. Doch dieser grüngelbe Vogel ohne gelben Bürzel hat viel Grau im Gefieder und ist ungestreift; sein Schnabel schlanker. **Vorkommen:** Park- und Kulturlandschaft mit Bäumen in Stadt und Land. Waldränder. Singt sein monoton sirrendes Lied von hoher Warte (Baumspitze, Fernsehantenne) aus. – Z. **Nahrung:** Kleine Samen, im Sommer viele Insekten. **Fortpflanzung:** Nest in Bäumen und dichten Büschen; 3–5 Eier. Brutdauer 12–14, Nestlingszeit 14–16 Tage. 2 Jahresbruten.

Grünfink

Carduelis chloris

(Foto unten: ♂)

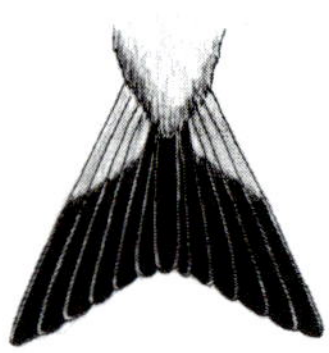

Schwanzoberseite

Merkmale: Hohe Kopfform charakteristisch. Ebenfalls ein gelbgrüner Fink, doch wesentlich größer (spatzengroß) als der Girlitz und ungestreift. ♂ olivgrün; Flügelspiegel und Schwanzwurzel gelb (s. Grafik). Füße fleischfarben. ♀ graugrün. Kräftiger heller Finkenschnabel. Junge braun gestreift. **Verwechslung:** Junge leicht mit anderen jungen Verwandten, aber kennzeichnend sind der dicke Schnabel, der unverwechselbare Gesichtsausdruck, die Fußfarbe und die gelbe Schwanzwurzel zusammen. **Vorkommen:** Bewohnt Ränder von Wäldern und damit auch Alleen, Parks, Gärten, Schonungen. – St. **Nahrung:** Mittelgroße bis große Samen, die er vom Boden und auch von den Fruchtständen nimmt. Kommt gern ans Futterbrett. Im Sommer auch Insekten, bevorzugt Blattläuse. **Fortpflanzung:** Nest in dichtem Gebüsch; 4–6 Eier. Brutdauer 12–15, Nestlingszeit 14–16 Tage. 2 Jahresbruten.

Zeisig

Carduelis spinus

(Foto oben: ♀)

Männchen

Merkmale: Ein kleiner Fink, grün, gelb und schwarz gefärbt, mit schlankem Kegelschnabel, der fast unentwegt zwitschert. Schwanzwurzel gelb. ♂ oben graugrün, Brust, Gesicht gelb, Flanken gelb mit kräftigen schwarzen Streifen. ♀ graugrün, kräftig längsgestreift auf Rücken und Flanken (s. Foto), ♂ meist mit schwarzem Kinn und Oberkopf (s. Grafik). Junge braun, gestreift. **Verwechslung:** Alte ♀ mit Girlitz, doch dieser mit dickerem, dunklem Schnabel und ohne gelbe Schwanzwurzel. Junge mit allen jungen Verwandten, doch Kombination von braunen Füßen, gelber Schwanzwurzel und schlankem, hellem Schnabel kennzeichnend. Junge mit Haussperlings-♀, doch diese unterseits ungefleckt und ohne Gelb. **Vorkommen:** Als Brutvogel nicht überall und relativ selten. Als Durchzügler und Wintergast sehr zahlreich, gesellig. Brütet in lichten Nadelwäldern. Außerhalb der Brutzeit gern in Birken, Erlen und Weiden. – JZ. **Nahrung:** Große, harte Samen. Hauptnahrung Fichtensamen. Sehr wenig Insekten. Kommen ans Futterbrett und nehmen auch Talg. **Fortpflanzung:** Nomaden. Sie brüten, wo im Frühling die Fichtensamenernte besonders gut ist. Nest hoch im Fichtengrün; mit 3–5 Eiern. Brutdauer 11–13, Nestlingszeit 13–17 Tage. 1–2 Jahresbruten.

Stieglitz, Distelfink

Carduelis carduelis

Jungvogel

Der Stieglitz (sein Ruf klingt »tiglitt«) oder Distelfink (er kann geschickt Samen aus Distelköpfen klauben) ist einer unserer farbenprächtigsten Vögel. **Merkmale:** Kopf weiß-schwarz, mit roter Gesichtsmaske; Rücken braun, Bürzel weiß, Schwanz und Flügel schwarz; breite gelbe Flügelbinde. Junge graugrün-gelblich, braun gestreift. **Verwechslung:** Junge mit anderen jungen Verwandten, aber die breite gelbe Flügelbinde und der schwarze Schwanz typisch (s. Grafik). **Vorkommen:** Regional fehlend. In Gärten, Plantagen, Parks, auf Ödland. Betonter Kulturfolger. Außerhalb der Brutzeit überall dort, wo samenspendende Kräuter in offenem Gelände wachsen. – TZ. **Nahrung:** Samen jeglicher Art, die er vom Boden und den Krautpflanzen direkt abliest. Im Winter viele Baumsamen. Im Sommer zusätzlich kleine Insekten, vor allem Blattläuse. Distelsamen machen bis zu einem Drittel der Nahrung aus. **Fortpflanzung:** Nest in äußerer Astgabel von Obstbäumen in 3–10 m Höhe; 4–6 Eier. Brutdauer 11–13, Nestlingszeit 13–16 Tage. 2–3 Jahresbruten.

Bluthänfling, Hänfling

Carduelis cannabina

(Foto oben: ♂)

Weibchen

Die geselligen Hänflinge und Birkenzeisige bilden eine Gruppe kleiner brauner Finken mit roten Abzeichen und charakteristischen Rufen. Einige sind regelmäßige (Berghänfling) oder invasionsartig auftretende (Birkenzeisig) Wintergäste. **Merkmale:** Oberseite rotbraun. ♂: Brust, Stirn und/oder Vorderscheitel blutrot, Schwingensaum weiß; ♀, ♂ im Ruhekleid und Junge: oben und unten dunkelbraun längsgestreift (s. Grafik). Schnabel beim ♂ bleigrau bis dunkelgraubraun, beim ♀ dunkelgraubraun. **Verwechslung:** Mit dem die Tundra bewohnenden Berghänfling, *Carduelis flavirostris*, der bei uns in offener Kultursteppe und Ödland überwintert. Er ist aber oben dunkler, unten heller braun, hat im Schlichtkleid einen gelblichen Schnabel, eine helle Flügelbinde und nur das ♂ einen roten Bürzel; lehmfarbene Kehle ungefleckt. Mit dem Birkenzeisig, *Carduelis flammea*, doch dieser hat eine schwarze Kehle. Junge nicht unterscheidbar. **Vorkommen:** Kultursteppe mit Hecken und reicher Krautschicht; Weinberge, Gärten, Friedhöfe, Schonungen. – TZ. **Nahrung:** Samen, die er vom Boden oder den Kräutern nimmt. Wenig Kerbtiere. **Fortpflanzung:** Nest in Dickichten, Jungfichten, Ginster; mit 5–6 Eiern. Brutdauer 12–14, Nestlingszeit 12–14 Tage. 2 Jahresbruten.

Fichtenkreuzschnabel

Loxia curvirostra

(Foto unten: ♂)

Fichtenkreuzschnabel

Kiefernkreuzschnabel

Nadelholzsamen werden von den großen Kreuzschnäbeln durch »keilartiges Einschieben des seitlich komprimierten Schnabels zwischen die Schuppen, Lüften der Deckschuppe durch kräftiges Seitwärtsverschieben des Unterkiefers und Herausklauben des darunter festgeklemmten Samens mit der Zunge hervorgeholt« (Glutz). Die Schnäbel kreuzen sich erst nach der Geburt beim Wachsen. **Merkmale:** Ohne Abzeichen. ♂ ziegelrot, einjähriges ♂ orangebraun getupft; ♀ und Junge grüngrau. Junge kräftig längsgestreift. **Verwechslung:** Mit dem Kiefernkreuzschnabel, *Loxia pytyopsittacus;* dieser jedoch mit größerem, sehr hohem, schwerem Schnabel (s. Grafik). Seltener Wintergast. Kommt zu uns als gelegentlicher Begleiter der Fichtenkreuzschnabel-Invasionen. Hat in Deutschland wenige Male gebrütet. **Vorkommen:** Nadelwälder. – JV. **Nahrung:** Überwiegend Fichtensamen. **Fortpflanzung:** Nomaden, die dort brüten, wo die Zapfenernte reich ist; völlig unabhängig vom Wetter. Nest hoch in Fichten; 3–4 Eier. Brutdauer 13–16, Nestlingszeit 14–25 Tage. 0–2 Jahresbruten.

Kernbeißer

Coccothraustes coccothraustes

(Foto oben: ♂)

Flugbild

Ein heimlicher, scheuer Vogel, den man fast nur im Winter und Vorfrühling sieht. **Merkmale:** Ein großer gedrungener Fink mit dickem Kopf und klobigem Schnabel, der im Sommer graublau, im Winter und bei Jungen fleischfarben ist. Kehle und Zügel schwarz, Halskragen grau; Gefieder zimtbraun, mit weißem Halbmond im dunkel stahlblauen Flügel und weißer Schwanzendbinde; geschweifte Schwingenfedern. Flügel- und Schwanzzeichnung auch im Flug wichtige Erkennungszeichen (s. Grafik). ♀ und Junge blasser; Junge dunkel gefleckt und geschuppt, juvenile ♂ mit schwarzer Schnabelumrandung. **Vorkommen:** Laub- und Mischwälder, Parks, Friedhöfe, Dorflinden, Gemüsegärten. Meist in den Baumkronen. – St und TZ. **Nahrung:** Kann mit seinem Nußknackerschnabel die größten und härtesten Kerne knacken. Samen des Steinobstes, alle größeren Samen. Am Futterbrett gerne Hanf- und Sonnenblumensamen. Auch hartschalige Insekten, Knospen, Wildbeeren. **Fortpflanzung:** Nest hoch in Laubbäumen; 4–6 Eier. Brutdauer 11–14, Nestlingszeit 11–14 Tage.

Gimpel, Dompfaff

Pyrrhula pyrrhula

(Foto unten: ♂)

Flugbild

Der Gimpel oder Dompfaff ist einer unserer bekanntesten und beliebtesten Gartenvögel, obwohl er im Frühjahr durch Knospenverbiß nicht nur Freude bereitet. **Merkmale:** Kopfplatte, Gesicht, Flügel und Schwanz schwarz, Rücken und Schultern grau, Bürzel und Flügelbinde weiß (s. Flugbild). ♂ mit leuchtend roter Unterseite und ebensolchen Backen, ♀ anstelle dessen bräunlichgrau. Junge ohne Kopfzeichnung, ober- und unterseits braun. Bürzel weiß. Große, gedrungene Finken. Das leise, melancholische Lied singen und flöten beide Geschlechter. Bekannter, sanft klingender Ruf. **Vorkommen:** Wälder, Parks, Friedhöfe, Hecken und Gärten, die gute Deckung und dichten Wuchs bieten. – St. **Nahrung:** Samen, Knospen, Beeren, die mit dem kräftigen Schnabel zerquetscht werden. Die Beerenschalen werden ausgespuckt. Nahrungssuche bevorzugt auf Bäumen und Sträuchern, selten am Boden. Gerne am Futterbrett. Kerbtiere als Jungenfutter. **Fortpflanzung:** Verstecktes Nest in 1–4 m Höhe in Fichten und dichten Hecken; Gelege 4–6 Eier. Brutdauer 12–14, Nestlingszeit 15–18 Tage. 2 Jahresbruten.

Haussperling
Passer domesticus

Heckenbraunelle
frisch gemausert

Spatzen sind furchtlos und scheu, frech und extrem vorsichtig zu gleicher Zeit. Spatzen sind nicht mehr unsere häufigsten Vögel, sie belegen nur noch Rang 4 nach Buchfink, Kohlmeise und Amsel. Vor allem Großstadtspatzen leiden inzwischen sehr unter Nahrungsmangel, denn wo gibt es noch Pferdeäpfel, offene Hühner- und Viehhaltung oder Dreschtennen! Hauptruf: das Schilpen. **Merkmale:** ♂ (auf dem Foto links) mit aschgrauer Kopfplatte, großem schwarzen Kehlfleck, weißen Backen, kastanienbraunem Ohr und Kopfseiten, gestreifter brauner Oberseite und grauweißer Unterseite. ♀ (auf dem Foto rechts) und Junge oben und unten unscheinbar graubraun, ohne Kopfzeichnung; Rücken, Schultern dunkelbraun gestreift. **Verwechslung:** Mit dem Feldsperling (s.u.); das ♀ mit der Heckenbraunelle (s. S.68 und Grafik links), mit Grauammern (s. S.100), die aber einheitlich dunkelbraun gestreift sind, mit diversen jungen Finkenvögeln, die aber alle unterseits kräftig braun längsgestreift sind. **Vorkommen:** In Städten und Dörfern, auf Ödland. – St. **Nahrung:** Allesverwerter. **Fortpflanzung:** Unordentliche Nester in jedem Winkel menschlicher Bauten; sehr gern in Nisthöhlen; Gelege 4–6 Eier. Brutdauer 11–14, Nestlingszeit 13–17 Tage. 2–3 Jahresbruten.

Feldsperling
Passer montanus

Da er dem Hausspatz unterlegen ist, lebt unser Feldspatz draußen in der offenen Landschaft. In Ländern, in denen es keine Haussperlinge gibt, wie in China und Japan, lebt er an seiner Stelle in Dörfern und Städten. Beider Spatzen Hauptfeinde sind der Sperber und der Autoverkehr. Leidet unter zunehmendem Nahrungsmangel. **Merkmale:** Beide Geschlechter gleich gefärbt. Wichtige Erkennungszeichen sind der schokoladenbraune Oberkopf und Nacken, der durchgehende weiße Halsring und der dunkle Ohrfleck in der weißen Backe. Kleiner und lebhafter als der Hausspatz. **Verwechslung:** Mit dem Haussperlings-♂, doch dieses ohne Ohrfleck und mit aschgrauem Scheitel. Rufe anders. **Vorkommen:** Baumbestandene Kultursteppe wie Dorfränder, Obstgärten, freistehende Bauernhöfe, Landwege, Alleen. – St. **Nahrung:** Allesverwerter, der wie Hausspatzen tierische und pflanzliche Kost jeder Art frißt. **Fortpflanzung:** Nest in Baumhöhlen, Nistkästen, Scheunen; Gelege 4–6 Eier. Brutdauer 11–14, Nestlingszeit 15–17 Tage. 2–3 Jahresbruten.

Star
Sturnus vulgaris

»Perlstar« (Herbst)

Die Erfindung des Nistkastens hat den geselligen Star zu einem unserer zahlreichsten Vögel gemacht. **Merkmale:** Glänzend schwarz, im Sommer mit gelbem Schnabel. Das Gefieder schillert purpurn, stahlblau und grün. Nach der Herbstmauser haben die frischen Federn helle Spitzen: Der Vogel ist wie mit Perlen übersät (s. Grafik). Durch Verschleiß im Winter ist das Weiß zum Frühjahr beim ♂ ganz, bei ♀ und Erstjährigen fast weg. Junge Stare stumpf braun. **Verwechslung:** Mit dem Amselhahn, der ebenfalls schwarz ist und einen gelben Schnabel hat. Verhalten und Körperbau beider sind grundverschieden: Der Star schreitet beim Vorwärtsgehen, die Amsel hüpft; der Starenkopf ist flacher und schmaler, der Schnabel sitzt ganz anders an. **Vorkommen:** Laubwaldbewohner. Als Kulturfolger heute überall. – TZ. **Nahrung:** Wird meist auf dem Boden gesucht. Kerbtiere, Würmer, die er aus weichem Boden zieht bzw. aus dem Laub der Baumkronen holt. Früchte aller Art. **Fortpflanzung:** Höhlenbrüter in Bäumen, Nistkästen, unter Dachziegeln, in Mauerspalten; Gelege meist 4–7 Eier. Brutdauer 11–13, Nestlingszeit 19–22 Tage. 1–2 Jahresbruten.

Pirol
Oriolus oriolus

Weibchen

Von den 25 Arten der Gattung der tropischen Pirole kommt nur eine im Sommer von April bis August zu uns. **Merkmale:** Drosselgroß. Mit braunrotem Schnabel und dunkelroten Augen. Adultes ♂ leuchtend gelb, mit schwarzen Flügeln und schwarz-gelbem Schwanz. ♀ gelbgrün, unterseits hellgrau mit feinen schwarzen Längsstreifen (s. Grafik). Junge ähnlich ♀, doch oberseits mit hellgelben Federspitzen. 1jährige ♂ wie ♀, auch 2jährige ♂ noch sehr weibchenfarben. Auge bei allen Jungen braun. Scheu und heimlich. **Vorkommen:** Gut getarnter Baumkronenbewohner in Laubwäldern, Parks, Obstplantagen. Gerne in Wassernähe. – Z; überwintert im tropischen Afrika. Vollführt einen interessanten Schleifenzug: im Herbst Abzug nach Südosten über den Balkan, Kreta und Ägypten; im Frühjahr Heimzug durch die Sahara, Sizilien und Italien. **Nahrung:** Turnt geschickt im Kronenlaub und fängt Insekten und ihre Larven. Stoßjagd auf Insekten am Boden. Frißt auch Früchte vom Baum. **Fortpflanzung:** Das kunstvolle Nest ist in einer äußeren waagerechten Astgabel in der Baumkrone in 2–20 m Höhe aufgehängt. Gelege 3–5 Eier. Brutdauer 14–18, Nestlingszeit 14–20 Tage.

Eichelhäher
Garrulus glandarius

Flugbild

Der Eichelhäher ist einer unserer schönsten und zugleich klügsten Vögel, der es meisterhaft versteht, dem Jäger auszuweichen. Man nennt ihn zu Recht den Wächter des Waldes. **Merkmale:** Der rötlichbraune, große Vogel ist gekennzeichnet durch den himmelblauschwarzen Flügelspiegel, einen schwarzen Bartstreif und weißen Bürzel, kontrastierend zum schwarzen Schwanz (s. Flugbild). Auge hellblau. Vorsichtig, lärmt trotzdem viel; gesellig. Ahmt die Stimme des Mäusebussards nach. Sein eigener Warnruf ist ein markdurchdringendes Rätschen. **Vorkommen:** In Wäldern mit Dickungen, in städtischen Parks und baumreichen Gärten. Häufig. – TZ. **Nahrung:** Wird vom Boden und den Zweigen genommen. Eicheln, Nüsse, Bucheckern, andere Samen, Kartoffeln, Beeren und Früchte überwiegen. Kerbtiere, Schnecken, Eidechsen, Vogeleier und Nestlinge, Mäuse. Legt Vorräte an. Kann im Kehlsack bis zu 1 Dutzend Eicheln transportieren und versteckt sie im Boden als Wintervorrat. **Fortpflanzung:** Der kleine Baumhorst steht am Stamm in meist 3–6 m Höhe (maximal 30 m) und enthält 4–7 Eier. Brutdauer 16–19, Nestlingszeit 18–20 Tage.

Elster
Pica pica

Elstern sind wachsam, »schlau und frech«; sie sind gewandt im »Sichverdrücken«. Ihre Liebe zu glänzenden Gegenständen machte sie in der Menschen Meinung zu »diebischen« Elstern. Elstern sind ein Schmuck unserer Landschaft; sie sind weniger häufig als man denkt. Es gibt 17mal mehr Amseln und 21mal mehr Kohlmeisen als Elstern. **Merkmale:** Das schwarze Gefieder dieses langschwänzigen, großen Krähenvogels schillert purpurn, blau und grün. Weiß sind Schultern, Bauch und Flanken. Ihr Schackern ertönt bei der kleinsten Beunruhigung. **Vorkommen:** »Kulissenlandschaften« mit hohen Bäumen. Die Elster ist in der ausgeräumten Kultursteppe äußerst selten; Ortschaften und Stadtränder sind heute ihr Refugium geworden. Meidet enge Täler. Ihr Hauptfeind ist der Habicht, der inzwischen ebenfalls im Grün der Städte lebt. – St. **Nahrung:** Allesverwerter; tierische Kost überwiegt jedoch. Kerbtiere, Würmer, Schnecken, Frösche, Eidechsen, Mäuse, Nestlinge und Jungvögel; Aas, Abfälle, Früchte, Samen. Jungenfutter sind Insekten. **Fortpflanzung:** Überdachter, sperriger Horst in meist großer Höhe (bis 25 m); Gelege 5–8 Eier. Brutdauer 17–19, Nestlingszeit 22–30 Tage. 1 Jahresbrut, bis zu 2 Ersatzgelege bei Verlust.

Tannenhäher

Nucifraga caryocatactes

(Foto oben: dickschnäblige Rasse)

dickschnäblige Rasse

dünnschnäblige Rasse

Dieser in den Alpen und Mittelgebirgen brütende Häher ist dem Laien durch die spektakulären Invasionen der dünnschnäbligen nordosteuropäischen und sibirischen Tannenhäher bekannt geworden. Die letzte gewaltige Invasion in Mittel- und Westeuropa erfolgte im Winter 1968/69. **Merkmale:** Kaffeebraun, mit großen weißen Tropfenflecken. Der schwarzbraune Schwanz mit weißer Endbinde, weiße Unterschwanzdecken. Junge weniger gefleckt und heller braun. Die bei uns brütende Rasse ist dickschnäblig (s. Grafik). **Vorkommen:** Im dichten Fichten- und Lärchen-Arvenwald. In Mischwäldern mit reichlich Haselnußsträuchern. – St, IV. **Nahrung:** Arvennüsse, Haselnüsse; ferner Eicheln, Bucheckern, Kastanien, Früchte, Insekten, Schnecken, Kleingetier aller Art. Vorratssammler, kann im Kehlsack gut 70 Arvennüsse oder bis zu 20 Haselnüsse transportieren. Er versteckt sie in der Erde. Im Winter gräbt er tiefe Löcher in den Schnee (bis zu 1,30 m tief), um an seine Verstecke zu kommen. **Fortpflanzung:** Nest in Nadelbäumen in 4–8 m Höhe im Windschatten; Gelege 3–4 Eier. Brutdauer 17–21, Nestlingszeit 23–25 Tage.

Dohle

Corvus monedula

Merkmale: Eine kleine, graunackige runde Krähe mit schwarzem Gesicht. Schnabel kurz, Auge hellgrau. Trippelt und nickt zugleich beim Gehen. Ruf »kjack«. Wintergäste aus Nord- und Osteuropa können an Hals und Nacken heller grau sein. Lebhaft und wendig, fliegt wie eine Taube. **Vorkommen:** Parklandschaften mit alten Felsen oder Gebäuden; in der Stadt in alten Gebäuden, Mauern; in alten, lichten Laubwäldern. Nach der Roten Liste als »gefährdet« eingestuft. – JZ. **Nahrung:** Vielseitige Nahrungssuche am Boden, in Bäumen und in der Luft. Allesverwerter, bei dem tierische und pflanzliche Nahrung etwa gleich stark vertreten sind. Kerbtiere, Würmer, Schnecken, Eier und Nestjunge; Getreidekörner, Früchte, Abfälle. **Fortpflanzung:** Koloniebrüter. Höhle in alten Bäumen, Kaminen, Mauerwerk, Felswänden, speziellen Nistkästen; Gelege 4–6 Eier. Brutdauer 16–19, Nestlingszeit 30–35 Tage, flugfähig mit 5 Wochen. 1 Jahresbrut; keine Ersatzgelege bei Verlust.

Rabenkrähe

Corvus corone corone

Rabenkrähe

junge Saatkrähe

Die beiden auf dieser Seite behandelten Vögel gehören zur »Großart« Aaskrähe und sind der Inbegriff einer Krähe. Sie vertreten sich geographisch, und eine bis 60 km breite Mischzone trennt die Brutgebiete auf folgender Linie: deutsch-dänische Grenze – Fehmarn – Westmecklenburg – Mittel- und Oberelbe – Salzkammergut – Hochalpen – Seealpen – Riviera. Westlich davon brütet die Raben-, östlich davon die Nebelkrähe. Im Winterhalbjahr ist die Nebelkrähe überall zu Gast. **Merkmale:** Tiefschwarz, groß. Der kräftige, schwarze Schnabel ist an der Basis befiedert (s. Grafik). **Verwechslung:** Mit jungen Saatkrähen (s. S. 124), aber die Rabenkrähe hat einen flacheren Gesichtswinkel als die Saatkrähe, und der Schnabel der Saatkrähe ist dolchartig und gerade (s. Grafiken). Alte Saatkrähen haben grindige Schnabelansätze (s. Grafik S. 124). **Vorkommen:** Baumbestandenes Kulturland und Wälder, Parks, Stadtgärten. Außerhalb der Brutzeiten überall, auf Äckern, Müllabladeplätzen. Die natürlichen Feinde der Krähen sind der Habicht und der fast ausgerottete Uhu. – St. **Nahrung:** Allesverwerter; tierische Kost überwiegt sehr. Nahrung auf offenem Feld, an Wegen suchend. Es gibt wohl nichts, was Krähen nicht fressen. **Fortpflanzung:** Horst hoch, stammnah in Bäumen; Einzelbrüter. Gelege 4–6 Eier. Brutdauer 17–20, Nestlingszeit 31–36 Tage. 1 Jahresbrut, aber Ersatzbruten Häufig.

Nebelkrähe

Corvus corone cornix

Merkmale: Tiefschwarz mit grauem Nacken, Rücken und Unterseite. Groß. Schnabel an der Basis befiedert. **Verwechslung:** Wegen der Farbkomposition nicht möglich. Mischlinge mit der Rabenkrähe kommen in der Mischzone vor, sind aber außerhalb dieser sehr selten zu sehen. **Vorkommen:** Wie Rabenkrähe. – Z; der im Winterhalbjahr aus dem europäischen Nordosten und Osten zu uns kommt. **Nahrung:** Wie Rabenkrähe. **Fortpflanzung:** Es sind keine Unterschiede zur Rabenkrähe bisher bekannt geworden (vgl. dort).

Saatkrähe
Corvus frugilegus

junge Saatkrähe

alte Saatkrähe

Merkmale: Typische Krähe mit grindigem Schnabelgrund (Altvögel), lockerer, weiter Befiederung des Fersengelenkes, langem, spitzem Schnabel; Gefieder schwarz. Gesicht eckig durch steile Stirn. **Verwechslung:** Mit der Rabenkrähe (s. S. 122), aber diese mit enger, nicht weiter Befiederung des Fersengelenkes, mit kräftigerem und kürzerem Schnabel. Altvögel unverwechselbar durch das grindige Gesicht (s. Grafik). **Vorkommen:** Ackersteppe der Tiefebene mit Feldgehölzen; Parks in Städten und Dörfern. Kulturfolger. Gilt nach der Roten Liste als »gefährdet«. – JZ. **Nahrung:** Im Winter mehr pflanzliche, sonst mehr tierische Nahrung. Schadinsekten wie Engerlinge, Drahtwürmer, Eichenwicklerraupen, Rüsselkäfer; Feldmäuse, Nacktschnecken. Jagt auf dem Boden und in Bäumen. **Fortpflanzung:** Koloniebrüter, der als landwirtschaftlich äußerst nützlicher Vogel unbedingten Schutz – auch in Stadtparks! – braucht. Das Nest in den Baumwipfeln enthält 3–5 Eier. Brutdauer 16–18, Nestlingszeit 30–36 Tage.

Kolkrabe
Corvus corax

Schwanz Kolkrabe

Schwanz Krähen

Der Rabe ist in vielen Religionen der Geheimdienstchef der Götter; im alten germanischen Glauben z. B. hatte der oberste Gott Wotan deren zwei: Hugin und Munin informierten ihn über alles was auf Erden geschah. In der Bibel sendet Noah nach der Sintflut seinen Raben als erstes Lebewesen aus, um zu erkunden, ob und wo die Erde wieder trocken wird. **Merkmale:** Unser größter Singvogel. Wesentlich größer und kräftiger als eine Krähe. Mit hohem, klobigem Schnabel, ausgeprägtem Kehlsack mit zottigen Federn. Im Flug mit keilförmigem, abgerundetem Schwanz (s. Grafiken, Krähen haben geraden Schwanz). Tiefschwarz. Tiefe Stimme. **Vorkommen:** Zwei Brutgebiete in Mitteleuropa: a) von Schleswig-Holstein und Rügen bis nach Thüringen und Sachsen; b) Jura, Schweizer Mittelland, südlicher Schwarzwald, Oberschwaben, Alpen und Alpenvorland. Gilt nach der Roten Liste als »gefährdet«. – St. **Nahrung:** Aas. Allesverwerter; schlägt krankes Jungwild, jagt Kleinsäuger, Reptilien, Insekten, gräbt Engerlinge aus und frißt Früchte. **Fortpflanzung:** Wie alle Krähen in monogamer Dauerehe lebend. Im Norden steht der mächtige Horst fast immer auf über hundertjährigen Rotbuchen (von 116 Horsten 104) in 12–29 m Höhe, im Süden im Felsen. Gelege 3–6 Eier. Brutdauer 20–21, Nestlingszeit 43–46 Tage; 2–6 Monate im Familienverband.

Register

Deutsche Namen

Wissenschaftliche Namen